建筑与市政工程施工现场专业人员职业标准培训教材

施工员(设备方向)核心考点模拟与解析

建筑与市政工程施工现场专业人员职业标准培训教材编委会　编写

中国建筑工业出版社

图书在版编目（CIP）数据

施工员（设备方向）核心考点模拟与解析／建筑与市政工程施工现场专业人员职业标准培训教材编委会编写．—北京：中国建筑工业出版社，2023.6
建筑与市政工程施工现场专业人员职业标准培训教材
ISBN 978-7-112-28637-9

Ⅰ.①施… Ⅱ.①建… Ⅲ.①建筑工程－设备管理－职业培训－教材 Ⅳ.①TU73

中国国家版本馆CIP数据核字(2023)第069426号

责任编辑：李 杰
责任校对：李美娜

建筑与市政工程施工现场专业人员职业标准培训教材
施工员(设备方向)核心考点模拟与解析
建筑与市政工程施工现场专业人员职业标准培训教材编委会 编写

*

中国建筑工业出版社出版、发行（北京海淀三里河路9号）
各地新华书店、建筑书店经销
北京红光制版公司制版
建工社（河北）印刷有限公司印刷

*

开本：787毫米×1092毫米 1/16 印张：14 字数：339千字
2023年6月第一版 2023年6月第一次印刷
定价：**56.00**元
ISBN 978-7-112-28637-9
(41111)

版权所有 翻印必究
如有内容及印装质量问题，请联系本社读者服务中心退换
电话：(010) 58337283 QQ：924419132
(地址：北京海淀三里河路9号中国建筑工业出版社604室 邮政编码：100037)

编 委 会

胡兴福	申永强	焦永达	傅慈英	屈振伟	魏鸿汉
赵　研	张悠荣	董慧凝	危道军	尤　完	宋岩丽
张燕娜	王凯晖	李　光	朱吉顶	余家兴	刘　录
慎旭双	闫占峰	刘国庆	李　存	许　宁	姚哲豪
潘东旭	刘　云	宋　扬	吴欣民		

前　言

为落实住房和城乡建设部发布的行业标准《建筑与市政工程施工现场专业人员职业标准》JGJ/T 250，进一步规范建设行业施工现场专业人员岗位培训工作，贴合培训测试需求。本书以《施工员通用与基础知识（设备方向）（第三版）》《施工员岗位知识与专业技能（设备方向）（第三版）》为蓝本，依据职业标准相配套的考核评价大纲，总结提取教材中的核心考点，指导考生学习与复习；并结合往年考试中的难点和易错考点，配以相应的测试题，增强考生对知识点的理解，提升其应试能力。本书更贴合测试需求。

本书分上下两篇，上篇为"通用与基础知识"，下篇为"岗位知识与专业技能"，所有章节名称与相应专业的《施工员通用与基础知识（设备方向）（第三版）》《施工员岗位知识与专业技能（设备方向）（第三版）》相对应，本书的知识点均标注了在第三版教材中的页码，以便考生查找，对照学习。

本书上篇教材点睛共 82 个考点，下篇教材点睛共 43 个考点，共计 125 个考点。全书考点分为四类，即一般考点（其后无标注）、核心考点（"★"标识），易错考点（"●"标识），核心考点＋易错考点（"★●"标识）。

本书配套有巩固练习题约共计 900 余道，题型分为判断题、单选题、多选题三类。

本书由中建八局东北公司科技质量部经理潘东旭担任主编。由于编写时间有限，书中难免存在不妥之处，敬请广大读者批评指正。

目　　录

上篇　通用与基础知识

知识点导图 ··· 1
第一章　建设法规 ·· 2
　　考点 1：建设法规构成概述 ·· 2
第一节　《中华人民共和国建筑法》 ·· 3
　　考点 2：《中华人民共和国建筑法》的立法目的 ··· 3
　　考点 3：从业资格的有关规定 ★● ··· 3
　　考点 4：《中华人民共和国建筑法》关于建筑安全生产管理的规定 ★● ············· 4
　　考点 5：《中华人民共和国建筑法》关于质量管理的规定 ★ ···························· 6
第二节　《中华人民共和国安全生产法》 ··· 7
　　考点 6：《中华人民共和国安全生产法》的立法目的 ······································· 7
　　考点 7：生产经营单位的安全生产保障的有关规定 ● ····································· 7
　　考点 8：从业人员的安全生产权利义务的有关规定 ★● ·································· 8
　　考点 9：安全生产监督管理的有关规定 ·· 8
　　考点 10：安全事故应急救援与调查处理的规定 ★ ·· 10
第三节　《建设工程安全生产管理条例》《建设工程质量管理条例》 ··················· 12
　　考点 11：《建设工程安全生产管理条例》★● ··· 12
　　考点 12：《建设工程质量管理条例》★● ·· 14
第四节　《中华人民共和国劳动法》《中华人民共和国劳动合同法》 ·················· 15
　　考点 13：《中华人民共和国劳动法》《中华人民共和国劳动合同法》立法目的 ····· 15
　　考点 14：《中华人民共和国劳动法》《中华人民共和国劳动合同法》
　　　　　　关于劳动合同和集体合同的有关规定 ★● ······································ 15
　　考点 15：《中华人民共和国劳动法》关于劳动安全卫生的有关规定 ● ············ 16
第二章　工程材料的基本知识 ··· 20
第一节　建筑给水管材及附件 ·· 20
　　考点 16：建筑给水管材及附件 ★● ·· 20
第二节　建筑排水管材及附件 ·· 22
　　考点 17：建筑排水管材及附件 ★ ··· 22
第三节　卫生器具 ··· 23
　　考点 18：卫生器具 ··· 23
第四节　电线、电缆及电线导管 ·· 24
　　考点 19：电线、电缆、电线导管 ★● ··· 24

第五节　照明灯具、开关及插座 ·· 26
　　　　考点20：照明灯具、开关、插座★ ··· 26
　　第六节　通风空调工程常用材料 ·· 27
　　　　考点21：通风空调工程常用材料★● ··· 27
第三章　施工图识读与绘制的基本知识 ··· 31
　　第一节　建筑物施工图的基本知识 ··· 31
　　　　考点22：施工图的基本知识★● ··· 31
　　第二节　建筑设备施工图图示方法及内容 ··· 33
　　　　考点23：概述 ··· 33
　　　　考点24：建筑给水排水工程施工图的图示方法及内容★● ············· 33
　　　　考点25：建筑电气工程施工图的图示方法及内容● ····················· 35
　　　　考点26：建筑通风与空调工程施工图的图示方法及内容★● ········ 36
　　第三节　施工图的绘制与识读 ··· 38
　　　　考点27：施工图绘制与识读● ··· 38
第四章　工程施工工艺和方法 ·· 41
　　第一节　建筑给水排水工程 ·· 41
　　　　考点28：给水排水管道安装工程施工工艺★● ···························· 41
　　　　考点29：供热、给水排水设备及卫生器具安装工程施工工艺★● ·· 45
　　　　考点30：消火栓系统和自动喷水灭火系统安装工程施工工艺★● ·· 47
　　　　考点31：管道设备的防腐与保温工程施工工艺★● ······················ 50
　　第二节　建筑通风与空调工程 ··· 53
　　　　考点32：通风与空调工程风管系统施工工艺★● ························· 53
　　　　考点33：净化空调系统施工工艺● ··· 56
　　　　考点34：防排烟系统施工工艺★ ·· 58
　　　　考点35：空调水系统施工工艺★● ··· 59
　　　　考点36：常见空调设备安装要求 ·· 60
　　　　考点37：通风与空调系统调试● ··· 61
　　第三节　建筑电气工程 ·· 63
　　　　考点38：电气设备安装施工工艺★● ··· 63
　　　　考点39：照明器具与控制装置安装施工工艺★● ························· 66
　　　　考点40：室内配电线路敷设施工工艺★● ··································· 68
　　　　考点41：封闭插接式母线（母线槽）敷设● ································ 71
　　　　考点42：电缆敷设施工工艺★● ·· 73
　　　　考点43：建筑物防雷装置安装● ··· 75
　　第四节　火灾报警及联动控制系统 ··· 77
　　　　考点44：火灾探测报警系统的施工● ·· 77
　　　　考点45：消防联动控制系统的施工● ·· 77
　　第五节　建筑智能化工程 ··· 78
　　　　考点46：建筑智能化工程● ··· 78

第五章 施工项目管理 ··· 81
第一节 施工项目管理的内容及组织 ··· 81
考点47：施工项目管理的特点及内容 ··· 81
考点48：施工项目管理的组织机构★ ··· 81
第二节 施工项目目标控制 ·· 83
考点49：施工项目目标控制★● ·· 83
第三节 施工资源与现场管理 ·· 85
考点50：施工资源与现场管理★● ·· 85

第六章 设备安装相关的力学知识 ·· 88
第一节 平面力系 ··· 88
考点51：平面力系★ ··· 88
第二节 杆件强度、刚度和稳定性的概念 ····································· 90
考点52：杆件强度、刚度和稳定性★ ·· 90
第三节 流体力学基础 ·· 92
考点53：流体力学基础知识★● ·· 92

第七章 建筑设备的基本知识 ··· 96
第一节 电工学基础 ··· 96
考点54：欧姆定律和基尔霍夫定律● ··· 96
考点55：正弦交流电的三要素及有效值★● ······································· 97
考点56：电流、电压、电功率的概念● ··· 97
考点57：RLC电路及功率因数的概念● ·· 99
考点58：晶体二极管、三极管的基本结构及应用 ······························ 101
考点59：变压器和三相交流异步电动机的基本结构和工作原理★● ··· 103
第二节 建筑设备工程的基本知识 ·· 105
考点60：建筑给水和排水系统的分类、应用及常用器材的选用★ ····· 105
考点61：建筑电气工程的分类、组成及常用器材的选用★ ················ 107
考点62：供暖系统的分类、应用及常用器材的选用 ·························· 108
考点63：通风与空调系统的分类、应用及常用器材的选用★● ·········· 109
考点64：自动喷水灭火系统的分类、应用及常用器材的选择★● ······ 111
考点65：智能化工程系统的分类及常用器材的选用 ·························· 112
考点66：焊接方法分类及常用器材的选用★● ··································· 114

第八章 工程预算的基本知识 ··· 117
第一节 工程量计算 ··· 117
考点67：建筑面积计算● ·· 117
考点68：建筑设备安装工程的工程量计算★● ··································· 117
第二节 工程造价计价 ·· 119
考点69：工程造价的构成（按费用构成要素划分）【掌握图8-1，P259】● ····· 119
考点70：工程造价的构成（按造价形成划分）【掌握图8-2，P262】● ······ 119
考点71：建筑安装工程费用参考计算方法【P263～P265】★● ········· 119

考点 72：建筑安装工程计价参考公式【P265～P266】 …………………………… 119
考点 73：工程造价的定额计价基本知识★● ………………………………………… 119
考点 74：工程造价的工程量清单计价基本知识★ …………………………………… 121

第九章　计算机和相关资料信息管理软件的应用知识 …………………………… 123
第一节　WPS Office 的应用知识 …………………………………………………… 123
考点 75：WPS Office 软件应用● ……………………………………………………… 123
第二节　BIM 的应用知识 …………………………………………………………… 123
考点 76：BIM 软件应用 ………………………………………………………………… 123
第三节　常见资料管理软件的应用知识 …………………………………………… 124
考点 77：资料管理软件应用● ………………………………………………………… 124

第十章　施工测量的基本知识 ………………………………………………………… 126
第一节　测量基本工作 ……………………………………………………………… 126
考点 78：水准仪、经纬仪、全站仪、测距仪、红外线激光水平仪的使用★● …… 126
考点 79：测量原理及测量要点● ……………………………………………………… 127
第二节　安装测量的知识 …………………………………………………………… 128
考点 80：安装测量基本工作● ………………………………………………………… 128
考点 81：安装工程测量要点● ………………………………………………………… 129
考点 82：安装定位，找正找平★ ……………………………………………………… 130

下篇　岗位知识与专业技能

知识点导图 …………………………………………………………………………………… 133
第一章　设备安装相关的管理规定和标准 …………………………………………… 134
第一节　施工现场安全生产的管理规定 …………………………………………… 134
考点 1：从业人员的安全生产权利和义务 …………………………………………… 134
考点 2：安全技术措施、专项施工方案和安全技术交底的规定★ ………………… 135
考点 3：危险性较大的分部分项工程的安全管理★ ………………………………… 136
考点 4：临时用电的安全管理规定【详见 P3～P4】★ ……………………………… 136
第二节　建筑工程质量管理的规定 ………………………………………………… 137
考点 5：建设工程专项质量检测、见证取样检测内容的规定★ …………………… 137
考点 6：房屋建筑和市政基础设施工程竣工验收备案管理的规定 ………………… 138
考点 7：房屋建筑工程质量保修范围、保修期限和违规处罚的规定★ …………… 139
第三节　建筑与设备安装工程施工质量验收标准和规范 ………………………… 140
考点 8：建筑与设备安装工程施工质量验收标准和规范● ………………………… 140
第四节　建筑设备安装工程的管理规定 …………………………………………… 142
考点 9：特种设备施工管理和检验验收的规定★● ………………………………… 142
考点 10：消防工程设施建设的规定● ………………………………………………… 144
考点 11：计量器具的检定 ……………………………………………………………… 146
考点 12：实施强制性工程建设规范的监督内容、方式、违规处罚的规定 ………… 147

第二章　施工组织设计及专项施工方案的编制 149
第一节　建筑设备安装工程施工组织设计的内容和编制方法 149
考点13：施工组织设计的编制★● 149
第二节　建筑设备安装工程专项施工方案编制的内容和编制方法 150
考点14：专项施工方案的编制★● 150
第三节　建筑设备安装工程主要技术要求 150
考点15：设备安装工程主要技术要求★●【详见P24～P27】 150
第三章　施工进度计划的编制 153
第一节　施工进度计划的类型及作用 153
考点16：施工进度计划的类型及作用● 153
第二节　施工进度计划的表达方法 154
考点17：施工进度计划的表达方法● 154
第三节　施工进度计划的检查与调整 155
考点18：施工进度计划的检查与调整★● 155
第四章　环境与职业健康安全管理的基本知识 158
第一节　建筑设备安装工程施工环境与职业健康安全管理的目标与特点 158
考点19：施工环境与职业健康安全管理目标与特点 158
第二节　建筑设备安装工程文明施工与现场环境保护的要求 159
考点20：文明施工与现场环境保护 159
第三节　建筑设备安装工程施工安全危险源的识别和安全防范的重点 161
考点21：安全危险源识别与防范重点 161
第四节　建筑设备安装工程生产安全事故分类与处理 162
考点22：安全事故分类与处理★● 162
第五章　工程质量管理的基本知识 165
第一节　建筑设备安装工程质量管理 165
考点23：工程质量管理● 165
第二节　建筑设备安装工程施工质量控制 166
考点24：施工质量控制★● 166
第三节　施工质量问题的处理方法 168
考点25：施工质量问题处理方法● 168
第六章　工程成本管理的基本知识 170
第一节　建筑设备安装工程成本的构成和影响因素 170
考点26：工程成本构成和影响因素● 170
第二节　建筑设备安装工程施工成本控制的基本内容和要求 171
考点27：施工成本控制的基本内容和要求● 171
第三节　建筑设备安装工程成本控制的方法 173
考点28：工程成本控制的方法● 173
第七章　常用施工机械机具 175
第一节　垂直运输常用机械 175

考点29：垂直运输常用机械 ··· 175
　　第二节　建筑设备安装工程常用施工机械、机具 ·· 177
　　　　考点30：常用施工机械、机具★● ·· 177
第八章　施工组织设计和专项施工方案的编制 ·· 182
　　考点31：施工组织设计与专项施工方案编制★● ·· 182
第九章　施工图及相关文件的识读 ··· 185
　　考点32：施工图识读★● ·· 185
第十章　技术交底文件的编制与实施 ··· 188
　　考点33：技术交底文件编制与实施● ·· 188
第十一章　施工测量 ·· 190
　　考点34：施工测量● ·· 190
第十二章　施工区段和施工顺序划分 ··· 192
　　考点35：施工区段及施工顺序划分★● ·· 192
第十三章　施工进度计划编制与资源平衡计算 ·· 195
　　考点36：施工进度计划编制与资源平衡★● ·· 195
第十四章　工程量计算及工程计价 ··· 197
　　考点37：工程量计算及工程计价★● ·· 197
第十五章　质量控制 ·· 200
　　考点38：质量控制● ·· 200
第十六章　安全控制 ·· 202
　　考点39：安全控制● ·· 202
第十七章　施工质量缺陷和危险源的分析与识别 ··· 205
　　考点40：施工质量缺陷和危险源分析与识别● ·· 205
第十八章　施工质量、安全与环境问题的调查分析 ·· 207
　　考点41：施工质量、安全与环境问题的调查分析● ·································· 207
第十九章　施工文件及相关技术资料的编制 ·· 209
　　考点42：施工文件及编制相关技术资料● ·· 209
第二十章　工程信息资料的处理 ··· 212
　　考点43：工程信息资料的处理● ·· 212

上篇 通用与基础知识

知识点导图

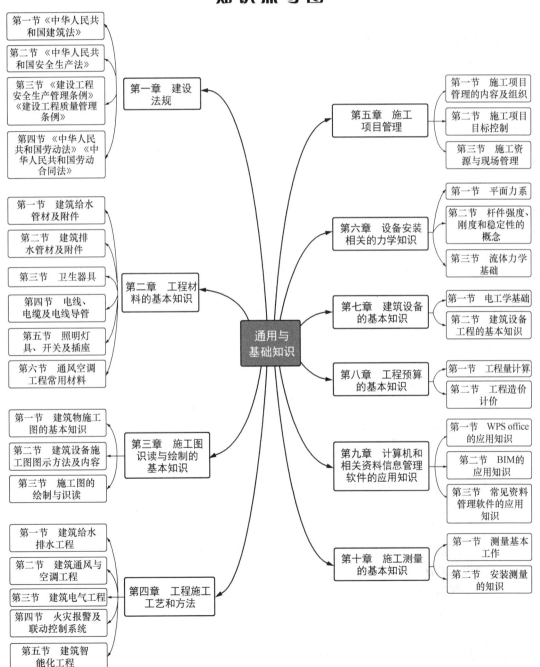

第一章 建 设 法 规

考点1：建设法规构成概述

> **教材点睛** 教材 P1~P2
>
> **1. 我国建设法规体系的五个层次**
>
> （1）建设法律：全国人民代表大会及其常务委员会制定通过，国家主席以主席令的形式发布。
>
> （2）建设行政法规：国务院制定，国务院常务委员会审议通过，国务院总理以国务院令的形式发布。
>
> （3）建设部门规章：住房和城乡建设部制定并颁布，或与国务院其他有关部门联合制定并发布。
>
> （4）地方性建设法规：省、自治区、直辖市人民代表大会及其常委会制定颁布；本地适用。
>
> （5）地方建设规章：省、自治区、直辖市人民政府以及省会（自治区首府）城市和经国务院批准的较大城市的人民政府制定颁布的；本地适用。
>
> **2. 建设法规体系各层次间的法律效力**：上位法优先原则，依次为建设法律、建设行政法规、建设部门规章、地方性建设法规、地方建设规章。

巩固练习

1.【判断题】建设法规是指国家立法机关制定的旨在调整国家、企事业单位、社会团体、公民之间，在建设活动中发生的各种社会关系的法律法规的总称。（　　）

2.【判断题】在我国的建设法规的五个层次中，法律效力的层级是上位法高于下位法，具体表现为：建设法律→建设行政法规→建设部门规章→地方性建设法规→地方建设规章。（　　）

3.【单选题】以下法规属于建设行政法规的是（　　）。
A.《工程建设项目施工招标投标办法》　　B.《中华人民共和国城乡规划法》
C.《建设工程安全生产管理条例》　　　　D.《实施工程建设强制性标准监督规定》

4.【多选题】下列属于我国建设法规体系的是（　　）。
A. 建设行政法规　　　　　　　　　　　B. 地方性建设法规
C. 建设部门规章　　　　　　　　　　　D. 建设法律
E. 地方法律

【答案】1.×；2.√；3.C；4.ABCD

第一节 《中华人民共和国建筑法》

考点 2：《中华人民共和国建筑法》[①] 的立法目的

> **教材点睛** 教材 P2
>
> 1. 《建筑法》的立法目的：加强对建筑活动的监督管理，维护建筑市场秩序，保证建筑工程的质量和安全，促进建筑业健康发展。
> 2. 现行《建筑法》是 2019 年修订施行的。

考点 3：从业资格的有关规定 ★●

> **教材点睛** 教材 P2～P5
>
> 法规依据：《建筑法》第十二条、第十三条、第十四条；《建筑业企业资质标准》
> **建筑业企业的资质**
> （1）建筑业企业资质序列：分为施工综合、施工总承包、专业承包和专业作业四个序列【详见 P2 表 1-1】。
> （2）建筑业企业资质等级：施工综合资质不分等级，施工总承包资质分为甲级、乙级两个等级，专业承包资质一般分为甲级、乙级两个等级（部分专业不分等级），专业作业资质不分等级【详见 P2 表 1-1】。
> （3）承揽业务的范围
> ① 施工综合企业和施工总承包企业：可以承接施工总承包工程。其中建筑工程、市政公用工程施工总承包企业承包工程范围分别见表 1-2、表 1-3【P3】。
> ② 专业承包企业：可以承接具有施工综合资质和施工总承包资质的企业依法分包的专业工程或建设单位依法发包的专业工程。建筑工程、市政公用工程相关的专业承包企业承包工程的范围见表 1-4【P4】。
> ③ 专业作业企业：可以承接具有上述三个承包资质企业分包的专业作业。

巩固练习

1. 【判断题】《建筑法》的立法目的在于加强对建筑活动的监督管理，维护建筑市场秩序，保证建筑工程的质量和安全，促进建筑业健康发展。（　　）

2. 【判断题】地基与基础工程专业乙级承包企业可承担深度不超过 24m 的刚性桩复合地基处理工程的施工。（　　）

3. 【判断题】承包建筑工程的单位只要实际资质等级达到法律规定，即可在其资质等级许可的业务范围内承揽工程。（　　）

[①] 以下正文中简称《建筑法》，标题不简称。

4.【判断题】专业作业企业可以承接具有施工综合、施工总承包、专业承包资质企业分包的专业作业。（   ）

5.【单选题】下列各选项中，不属于《建筑法》规定约束的是(   )。
A. 建筑工程发包与承包　　　　　　B. 建筑工程涉及的土地征用
C. 建筑安全生产管理　　　　　　　D. 建筑工程质量管理

6.【单选题】建筑业企业是由(   )按资质条件划分成为不同等级。
A. 国务院行政主管部门　　　　　　B. 国务院资质管理部门
C. 国务院工商注册管理部门　　　　D. 国务院

7.【单选题】按照《建筑业企业资质管理规定》，建筑业企业资质分为(   )四个序列。
A. 特级、一级、二级
B. 一级、二级、三级
C. 甲级、乙级、丙级
D. 施工综合、施工总承包、专业承包和专业作业

8.【单选题】按照《建筑法》规定，建筑业企业各资质等级标准和各类别等级资质企业承担工程的具体范围，由(   )会同国务院有关部门制定。
A. 国务院国有资产管理部门
B. 国务院建设行政主管部门
C. 该类企业工商注册地的建设行政主管部门
D. 省、自治区及直辖市建设行政主管部门

9.【单选题】以下建筑装修装饰工程的乙级专业承包企业不可以承包工程范围的是(   )。
A. 单位工程造价 3400 万元及以下建筑室内、室外装修装饰工程的施工
B. 单位工程造价 1200 万元及以下建筑室内、室外装修装饰工程的施工
C. 除建筑幕墙工程外的单位工程造价 2400 万元及以上建筑室内、室外装修装饰工程的施工
D. 单项合同额 2000 万元及以下的建筑装修装饰工程，以及与装修工程直接配套的其他工程

【答案】1.√；2.√；3.×；4.√；5.B；6.A；7.D；8.B；9.A

考点 4：《中华人民共和国建筑法》关于建筑安全生产管理的规定 ★●

> **教材点睛**　教材 P5~P7
>
> 法规依据：《建筑法》第三十六条、第三十八条、第三十九条、第四十一条、第四十四~第四十八条、第五十一条。
>
> **1. 建筑安全生产管理方针**：安全第一、预防为主。
>
> **2. 建设工程安全生产基本制度**
>
> (1) 安全生产责任制度：包括企业各级领导人员的安全职责、企业各有关职能部门的安全生产职责以及施工现场管理人员及作业人员的安全职责三个方面。

教材点睛 教材P5~P7(续)

(2) 群防群治制度：要求建筑企业职工在施工中应当遵守有关生产的法律、法规和建筑行业安全规章、规程，不得违章作业；对于危及生命安全和身体健康的行为有权提出批评、检举和控告。

(3) 安全生产教育培训制度：安全生产，人人有责。要求全员培训，未经安全生产教育培训的人员，不得上岗作业。

(4) 伤亡事故处理报告制度：事故发生时及时上报，事故处理遵循"四不放过"的原则。【P6】

(5) 安全生产检查制度：是安全生产的保障，通过检查发现问题，查出隐患，采取有效措施，堵塞漏洞，做到防患于未然。

(6) 安全责任追究制度：对于没有履行职责造成人员伤亡和事故损失的建设单位，视情节给予相应处理；情节严重的，责令停业整顿，降低资质等级或吊销资质证书；构成犯罪的，依法追究刑事责任。

巩固练习

1.【判断题】《建筑法》第三十六条规定：建筑工程安全生产管理必须坚持安全第一、预防为主的方针。其中安全第一是安全生产方针的核心。（　　）

2.【判断题】群防群治制度是建筑生产中最基本的安全管理制度，是所有安全规章制度的核心，是安全第一、预防为主方针的具体体现。（　　）

3.【单选题】建筑工程安全生产管理必须坚持安全第一、预防为主的方针。预防为主体现在建筑工程安全生产管理的全过程中，具体是指（　　）、事后总结。

A. 事先策划、事中控制　　　　　　　B. 事前控制、事中防范
C. 事前防范、监督策划　　　　　　　D. 事先策划、全过程自控

4.【单选题】以下关于建设工程安全生产基本制度的说法中，正确的是（　　）。

A. 群防群治制度是建筑生产中最基本的安全管理制度
B. 建筑施工企业应当对直接施工人员进行安全教育培训
C. 安全检查制度是安全生产的保障
D. 施工中发生事故时，建筑施工企业应当及时清理事故现场并向建设单位报告

5.【单选题】针对事故发生的原因，提出防止相同或类似事故发生的切实可行的预防措施，并督促事故发生单位加以实施，以达到事故调查和处理的最终目的。此款符合"四不放过"事故处理原则的（　　）原则。

A. 事故原因不清楚不放过
B. 事故责任者和群众没有受到教育不放过
C. 事故责任者没有处理不放过
D. 事故隐患不整改不放过

6.【单选题】建筑施工单位的安全生产责任制主要包括企业各级领导人员的安全职责、（　　）以及施工现场管理人员及作业人员的安全职责三个方面。

A. 项目经理部的安全管理职责
B. 企业监督管理部的安全监督职责
C. 企业各有关职能部门的安全生产职责
D. 企业各级施工管理及作业部门的安全职责

7.【单选题】按照《建筑法》规定，鼓励企业为（　　）办理意外伤害保险，支付保险费。

A. 从事危险作业的职工　　　　　B. 现场施工人员
C. 全体职工　　　　　　　　　　D. 特种作业操作人员

8.【多选题】建设工程安全生产基本制度包括：安全生产责任制度、群防群治制度、（　　）等六个方面。

A. 安全生产教育培训制度　　　　B. 伤亡事故处理报告制度
C. 安全生产检查制度　　　　　　D. 防范监控制度
E. 安全责任追究制度

9.【多选题】在进行生产安全事故报告和调查处理时，必须坚持"四不放过"的原则，包括（　　）。

A. 事故原因不清楚不放过
B. 事故责任者和群众没有受到教育不放过
C. 事故单位未处理不放过
D. 事故责任者没有处理不放过
E. 没有制定防范措施不放过

【答案】1.×；2.×；3.A；4.C；5.D；6.C；7.A；8.ABCE；9.ABD

考点 5：《中华人民共和国建筑法》关于质量管理的规定★

> **教材点睛**　教材 P7～P8
>
> 法规依据：《建筑法》第五十二条、第五十四条、第五十五条、第五十八～第六十二条。
>
> **1. 建设工程竣工验收制度**：建设工程竣工验收是对工程是否符合设计要求和工程质量标准所进行的检查、考核工作。建筑工程竣工验收合格后，方可交付使用；未经验收或者验收不合格的，不得交付使用。
>
> **2. 建设工程质量保修制度**：在《建筑法》规定的保修期限内，因勘察、设计、施工、材料等原因造成的质量缺陷，应当由施工承包单位负责维修、返工或更换，由责任单位负责赔偿损失。对促进建设各方加强质量管理，保护用户及消费者的合法权益可起到重要的保障作用。

巩固练习

1.【判断题】在建设工程竣工验收后，在规定的保修期限内，因勘察、设计、施工、

材料等原因造成的质量缺陷，应当由责任单位负责维修、返工或更换。（ ）

2.【单选题】建设工程项目的竣工验收，应当由（ ）依法组织进行。
A. 建设单位　　　　　　　　　　B. 建设单位或有关主管部门
C. 国务院有关主管部门　　　　　D. 施工单位

3.【单选题】在建设工程竣工验收后，在规定的保修期限内，因勘察、设计、施工、材料等原因造成的质量缺陷，应当由（ ）负责维修、返工或更换。
A. 建设单位　　　　　　　　　　B. 监理单位
C. 责任单位　　　　　　　　　　D. 施工承包单位

4.【单选题】根据《建筑法》的规定，以下属于保修范围的是（ ）。
A. 供热、供冷系统工程　　　　　B. 因使用不当造成的质量缺陷
C. 因第三方造成的质量缺陷　　　D. 不可抗力造成的质量缺陷

5.【单选题】建筑工程的质量保修的具体保修范围和最低保修期限由（ ）规定。
A. 建设单位　　　　　　　　　　B. 国务院
C. 施工单位　　　　　　　　　　D. 建设行政主管部门

6.【多选题】建筑工程的保修范围应当包括（ ）等。
A. 地基基础工程　　　　　　　　B. 主体结构工程
C. 屋面防水工程　　　　　　　　D. 电气管线
E. 使用不当造成的质量缺陷

【答案】1.×；2.B；3.D；4.A；5.B；6.ABCD

第二节　《中华人民共和国安全生产法》

考点6：《中华人民共和国安全生产法》[①] 的立法目的

教材点睛 教材 P8

1. 《安全生产法》的立法目的：为了加强安全生产工作，防止和减少生产安全事故，保障人民群众生命和财产安全，促进经济社会持续健康发展。
2. 现行《安全生产法》是 2021 年修订施行的。

考点7：生产经营单位的安全生产保障的有关规定●

教材点睛 教材 P8～P12

法规依据：《安全生产法》第二十条～第五十一条。
1. 组织保障措施：建立安全生产管理机构；明确岗位责任。
2. 管理保障措施包括：人力资源管理、物力资源管理、经济保障措施、技术保障措施。

---

① 以下正文简称《安全生产法》，标题不简称。

考点 8：从业人员的安全生产权利义务的有关规定 ★●

> **教材点睛** 教材 P12~P13
>
> 法规依据：《安全生产法》第二十八条、第四十五条、第五十二~第六十一条。
> **1. 安全生产中从业人员的权利**：知情权、批评权和检举、控告权、拒绝权、紧急避险权、请求赔偿权、获得劳动防护用品的权利、获得安全生产教育和培训的权利。
> **2. 安全生产中从业人员的义务**：自律遵规的义务、自觉学习安全生产知识的义务、危险报告义务。

考点 9：安全生产监督管理的有关规定

> **教材点睛** 教材 P13~P14
>
> 法规依据：《安全生产法》第六十二条~第七十八条。
> **1. 安全生产监督管理部门**：《安全生产法》第九条规定，国务院应急管理部门对全国安全生产工作实施综合监督管理。国务院交通运输、住房和城乡建设、水利、民航等有关部门在各自的职责范围内对有关行业、领域的安全生产工作实施监督管理。
> **2. 安全生产监督管理措施**：审查批准，验收，取缔，撤销，依法处理。
> **3. 安全生产监督管理部门的职权**：详见 P14；监督检查不得影响被检查单位的正常生产经营活动。

巩固练习

1.【判断题】危险物品的生产、经营、储存单位以及矿山、建筑施工单位的主要负责人和安全管理人员，应当缴费参加由有关部门组织的对其安全生产知识和管理能力的考核，考核合格后方可任职。（　　）

2.【判断题】生产经营单位的特种作业人员必须按照国家有关规定经生产经营单位组织的安全作业培训，方可上岗作业。（　　）

3.【判断题】生产经营单位应当按照国家有关规定将本单位重大危险源及有关安全措施、应急措施报有关地方人民政府建设行政主管部门备案。（　　）

4.【判断题】从业人员发现直接危及人身安全的紧急情况时，应先把紧急情况完全排除，经主管单位允许后撤离作业场所。（　　）

5.【判断题】《安全生产法》的立法目的是加强安全生产工作，防止和减少生产安全事故，保障人民群众生命和财产安全，促进经济社会持续健康发展。（　　）

6.【判断题】建筑施工从业人员在一百人以下的，不需要设置安全生产管理机构或者配备专职安全生产管理人员，但应当配备兼职的安全生产管理人员。（　　）

7.【判断题】国家对严重危及生产安全的工艺、设备实行审批制度。（　　）

8.【判断题】某施工现场将氧气瓶仓库放在临时建筑一层东侧，员工宿舍放在二层西

侧，并采取了保证安全的措施。 （　　）

9. 【判断题】生产经营单位的安全生产管理人员应当根据本单位的生产经营特点，对安全生产状况进行经常性检查；对检查中发现的安全问题，应当立即报告。 （　　）

10. 【判断题】生产经营单位临时聘用的钢结构焊接工人不属于生产经营单位的从业人员，所以不享有相应的从业人员应享有的权利。 （　　）

11. 【单选题】《安全生产法》主要对生产经营单位的安全生产保障、（　　）、安全生产的监督管理、生产安全事故的应急救援与调查处理四个主要方面作出了规定。
    A. 生产经营单位的法律责任　　　　B. 安全生产的执行
    C. 从业人员的权利和义务　　　　　D. 施工现场的安全

12. 【单选题】下列关于生产经营单位安全生产保障的说法中，正确的是（　　）。
    A. 生产经营单位可以将生产经营项目、场所、设备发包给建设单位指定认可的不具有相应资质等级的单位或个人
    B. 生产经营单位的特种作业人员经过单位组织的安全作业培训方可上岗作业
    C. 生产经营单位必须依法参加工伤社会保险，为从业人员缴纳保险费
    D. 生产经营单位仅需要为从业人员提供劳动防护用品

13. 【单选题】下列措施中，不属于生产经营单位安全生产保障措施中经济保障措施的是（　　）。
    A. 保证劳动防护用品、安全生产培训所需要的资金
    B. 保证工伤社会保险所需要的资金
    C. 保证安全设施所需要的资金
    D. 保证员工食宿设备所需要的资金

14. 【单选题】当从业人员发现直接危及人身安全的紧急情况时，有权停止作业或在采取可能的应急措施后撤离作业场所，这里的权是指（　　）。
    A. 拒绝权　　　　　　　　　　　　B. 批评权和检举、控告权
    C. 紧急避险权　　　　　　　　　　D. 自我保护权

15. 【单选题】根据《安全生产法》规定，生产经营单位与从业人员订立协议，免除或减轻其对从业人员因生产安全事故伤亡依法应承担的责任，该协议（　　）。
    A. 无效　　　　　　　　　　　　　B. 有效
    C. 经备案后生效　　　　　　　　　D. 效力待定

16. 【单选题】根据《安全生产法》规定，安全生产中从业人员的义务不包括（　　）。
    A. 遵守安全生产规章制度和操作规程　B. 接受安全生产教育和培训
    C. 安全隐患及时报告　　　　　　　D. 紧急处理安全事故

17. 【单选题】下列不属于生产经营单位从业人员范畴的是（　　）。
    A. 技术人员　　　　　　　　　　　B. 临时聘用的钢筋工
    C. 管理人员　　　　　　　　　　　D. 监督部门视察的监管人员

18. 【单选题】下列各项中，不属于安全生产监督检查人员义务的是（　　）。
    A. 对检查中发现的安全生产违法行为，当场予以纠正或者要求限期改正
    B. 执行监督检查任务时，必须出示有效的监督执法证件
    C. 对涉及被检查单位的技术秘密和业务秘密，应当为其保密

D. 应当忠于职守，坚持原则，秉公执法

19.【多选题】生产经营单位安全生产保障措施由（   ）组成。

A. 经济保障措施　　　　　　　　B. 技术保障措施
C. 组织保障措施　　　　　　　　D. 法律保障措施
E. 管理保障措施

【答案】1. ×；2. ×；3. ×；4. ×；5. √；6. ×；7. ×；8. ×；9. ×；10. ×；11. C；12. C；13. D；14. C；15. A；16. D；17. D；18. A；19. ABCE

考点 10：安全事故应急救援与调查处理的规定 ★

> **教材点睛** 教材 P14～P15
>
> 法规依据：《安全生产法》第七十九条～第八十九条、《生产安全事故报告和调查处理条例》
>
> **1. 生产安全事故的等级划分标准**（按生产安全事故造成的人员伤亡或直接经济损失划分）
>
> （1）特别重大事故：死亡≥30人，或重伤≥100人（包括急性工业中毒，下同），或直接经济损失＞1亿元的事故；
>
> （2）重大事故：10人＜死亡≤30人，或50人＜重伤≤100人，或5000万元＜直接经济损失≤1亿元的事故；
>
> （3）较大事故：3人＜死亡≤10人，或10人＜重伤≤50人，或1000万元＜直接经济损失≤5000万元的事故；
>
> （4）一般事故：死亡≤3人，或重伤≤10人，或100万元＜直接经济损失≤1000万元的事故。
>
> **2. 生产安全事故报告**
>
> （1）生产经营单位发生生产安全事故后，事故现场有关人员应当立即报告本单位负责人。单位负责人接到事故报告后，应当按照国家有关规定立即如实报告当地负有安全生产监督管理职责的部门，不得隐瞒不报、谎报或者迟报，不得故意破坏事故现场、毁灭有关证据。
>
> （2）特种设备发生事故的，还应当同时向特种设备安全监督管理部门报告。实行施工总承包的建设工程，由总承包单位负责上报事故。
>
> **3. 应急抢救工作**：单位负责人接到事故报告后，应当迅速采取有效措施，组织抢救，防止事故扩大，减少人员伤亡和财产损失。
>
> **4. 事故的调查**：事故调查处理应当按照科学严谨、依法依规、实事求是、注重实效的原则，及时、准确地查清事故原因，查明事故性质和责任，评估应急处置工作，总结事故教训，提出整改措施，并对事故责任者提出处理建议。

巩固练习

1.【判断题】某施工现场脚手架倒塌，造成3人死亡、8人重伤，根据《生产安全事

故报告和调查处理条例》规定，该事故等级属于一般事故。（　　）

2.【判断题】某化工厂施工过程中造成化学品试剂外泄，导致现场15人死亡，120人急性工业中毒，根据《生产安全事故报告和调查处理条例》规定，该事故等级属于重大事故。（　　）

3.【判断题】生产经营单位发生生产安全事故后，事故现场相关人员应当立即报告施工项目经理。（　　）

4.【判断题】某实行施工总承包的建设工程的分包单位所承担的分包工程发生生产安全事故，分包单位负责人应当立即如实报告给当地建设行政主管部门。（　　）

5.【单选题】根据《生产安全事故报告和调查处理条例》规定：造成10人及以上30人以下死亡，或者50人及以上100人以下重伤，或者5000万元及以上1亿元以下直接经济损失的事故属于（　　）。

　　A. 重伤事故　　　　　　　　　　B. 较大事故
　　C. 重大事故　　　　　　　　　　D. 死亡事故

6.【单选题】某市地铁工程施工作业面内，因大量水和流沙涌入，引起部分结构损坏及周边地区地面沉降，造成3栋建筑物严重倾斜，直接经济损失约合1.5亿元。根据《生产安全事故报告和调查处理条例》规定，该事故等级属于（　　）。

　　A. 特别重大事故　　　　　　　　B. 重大事故
　　C. 较大事故　　　　　　　　　　D. 一般事故

7.【单选题】以下关于安全事故调查的说法中，错误的是（　　）。

　　A. 重大事故由事故发生地省级人民政府负责调查
　　B. 较大事故的事故发生地与事故发生单位不在同一个县级以上行政区域的，由事故发生单位所在地的人民政府负责调查，事故发生地人民政府应当派人参加
　　C. 一般事故以下等级事故，可由县级人民政府直接组织事故调查，也可由上级人民政府组织事故调查
　　D. 特别重大事故由国务院或者国务院授权有关部门组织事故调查组进行调查

8.【多选题】国务院《生产安全事故报告和调查处理条例》规定：根据生产安全事故造成的人员伤亡或者直接经济损失，以下事故等级分类正确的有（　　）。

　　A. 造成120人急性工业中毒的事故为特别重大事故
　　B. 造成8000万元直接经济损失的事故为重大事故
　　C. 造成3人死亡、800万元直接经济损失的事故为一般事故
　　D. 造成10人死亡、35人重伤的事故为较大事故
　　E. 造成10人死亡、35人重伤的事故为重大事故

9.【多选题】国务院《生产安全事故报告和调查处理条例》规定：事故一般分为（　　）等级。

　　A. 特别重大事故　　　　　　　　B. 重大事故
　　C. 大事故　　　　　　　　　　　D. 一般事故
　　E. 较大事故

【答案】1.×；2.×；3.×；4.×；5.C；6.A；7.B；8.ABE；9.ABDE

第三节 《建设工程安全生产管理条例》《建设工程质量管理条例》

考点11：《建设工程安全生产管理条例》 ★●

> **教材点睛** 教材 P16～P19
>
> **1. 立法目的**：为了加强建设工程安全生产监督管理，保障人民群众生命和财产安全。
> 2. 现行《建设工程安全生产管理条例》是2004年修订施行的。
> **3.《建设工程安全生产管理条例》关于施工单位的安全责任的有关规定**
> 法规依据：《建设工程安全生产管理条例》第二十条～第三十八条。
> **(1) 施工单位有关人员的安全责任**
> 1) 施工单位主要负责人（法人及施工单位全面负责、有生产经营决策权的人）：依法对本单位的安全生产工作全面负责。
> 2) 施工单位的项目负责人（具有建造师执业资格的项目经理）：对建设工程项目的安全全面负责。
> 3) 专职安全生产管理人员（具有安全生产考核合格证书）：对安全生产进行现场监督检查。发现安全事故隐患，应当及时向项目负责人和安全生产管理机构报告；对于违章指挥、违章操作的，应当立即制止。
> **(2) 总承包单位和分包单位的安全责任**：总承包单位对施工现场的安全生产负总责，分包单位应当服从总承包单位的安全生产管理；总承包单位和分包单位对分包工程的安全生产承担连带责任，但分包单位不服从管理导致生产安全事故的，由分包单位承担主要责任。
> **(3) 安全生产教育培训**
> 1) 管理人员的考核：施工单位的主要负责人、项目负责人、专职安全生产管理人员应当经建设行政主管部门或者其他有关部门考核合格后方可任职。
> 2) 作业人员的安全生产教育培训：日常培训、新岗位培训、特种作业人员的专门培训。
> **(4) 施工单位应采取的安全措施**：编制安全技术措施、施工现场临时用电方案和专项施工方案；实行安全施工技术交底；设置施工现场安全警示标志；采取施工现场安全防护措施；施工现场的布置应当符合安全和文明施工要求；采取周边环境防护措施；制定实施施工现场消防安全措施；加强安全防护设备、起重机械设备管理；为施工现场从事危险作业人员办理意外伤害保险。

巩固练习

1.【判断题】建设工程施工前，施工单位负责该项目管理的施工员应当对有关安全施工的技术要求向施工作业班组、作业人员做出详细说明，并由双方签字确认。　　（　　）

2.【判断题】施工技术交底的目的是使现场施工人员对安全生产有所了解，最大限度

避免安全事故的发生。( )

3.【判断题】施工单位应当在施工现场入口处、施工起重机械、临时用电设施、脚手架等危险部位,设置明显的安全警示标志。( )

4.【单选题】以下关于专职安全生产管理人员的说法中,有误的是( )。
A. 施工单位安全生产管理机构的负责人及其工作人员属于专职安全生产管理人员
B. 施工现场专职安全生产管理人员属于专职安全生产管理人员
C. 专职安全生产管理人员是指经过建设单位安全生产考核合格取得安全生产考核证书的专职人员
D. 专职安全生产管理人员应当对安全生产进行现场监督检查

5.【单选题】下列安全生产教育培训中不是施工单位必须做的是( )。
A. 施工单位的主要负责人的考核
B. 特种作业人员的专门培训
C. 作业人员进入新岗位前的安全生产教育培训
D. 监理人员的考核培训

6.【单选题】《特种设备安全监察条例》规定的施工起重机械,在验收前应当经有相应资质的检验检测机构监督检验合格。施工单位应当自施工起重机械和整体提升脚手架、模板等自升式架设设施验收合格之日起( )日内,向建设行政主管部门或者其他有关部门登记。
A. 15   B. 30   C. 7   D. 60

7.【多选题】以下关于总承包单位和分包单位的安全责任的说法中,正确的是( )。
A. 总承包单位应当自行完成建设工程主体结构的施工
B. 总承包单位对施工现场的安全生产负总责
C. 经业主认可,分包单位可以不服从总承包单位的安全生产管理
D. 分包单位不服从管理导致生产安全事故的,由总包单位承担主要责任
E. 总承包单位和分包单位对分包工程的安全生产承担连带责任

8.【多选题】根据《建设工程安全生产管理条例》,应编制专项施工方案,并附具安全验算结果的分部分项工程包括( )。
A. 深基坑工程   B. 起重吊装工程
C. 模板工程   D. 楼地面工程
E. 脚手架工程

9.【多选题】施工单位应当根据论证报告修改完善专项方案,并经( )签字后,方可组织实施。
A. 施工单位技术负责人   B. 总监理工程师
C. 项目监理工程师   D. 建设单位项目负责人
E. 建设单位法人

10.【多选题】施工单位使用承租的机械设备和施工机具及配件的,由( )共同进行验收。
A. 施工总承包单位   B. 出租单位
C. 分包单位   D. 安装单位
E. 建设监理单位

【答案】1.√；2.×；3.√；4.C；5.D；6.B；7.ABE；8.ABCE；9.AB；10.ABCD

考点12：《建设工程质量管理条例》★●

> **教材点睛** 教材 P19～P20
>
> **1. 立法目的**：为了加强对建设工程质量的管理，保证建设工程质量，保护人民生命和财产安全。
>
> **2.** 现行《建设工程质量管理条例》是2019年第二次修订的。
>
> **3.**《建设工程质量管理条例》关于施工单位的质量责任和义务的有关规定
>
> 法规依据：《建设工程质量管理条例》第二十五条～第三十三条。
>
> （1）依法承揽工程：施工单位应依法取得相应等级的资质证书，在资质等级许可范围内承揽工程；禁止以超资质、挂靠、被挂靠等方式承揽工程；不得转包或者违法分包工程。
>
> （2）施工单位的质量责任：施工单位对建设工程的施工质量负责。建设工程实行总承包的，总承包单位应当对全部建设工程质量负责；建设工程勘察、设计、施工、设备采购的一项或者多项实行总承包的，总承包单位应当对其承包的建设工程或者采购的设备的质量负责；分包单位应当对其分包工程的质量向总承包单位负责，总承包单位与分包单位对分包工程的质量承担连带责任。
>
> （3）施工单位的质量义务：按图施工；对建筑材料、构配件和设备进行检验的责任；对施工质量进行检验的责任；见证取样；保修责任。

巩固练习

1.【判断题】施工人员对涉及结构安全的试块、试件以及有关材料，应当在建设单位或者工程监理单位监督下现场取样，并送具有相应资质等级的质量检测单位进行检测。（　　）

2.【判断题】在建设单位竣工验收合格前，施工单位应对质量问题履行返修义务。
（　　）

3.【单选题】某项目分期开工建设，开发商二期工程3、4号楼仍然复制使用一期工程施工图纸。施工时施工单位发现该图纸使用的02标准图集现已废止，按照《建设工程质量管理条例》的规定，施工单位正确的做法是(　　)。

A. 继续按图施工，因为按图施工是施工单位的本分

B. 按现行图集套改后继续施工

C. 及时向有关单位提出修改意见

D. 由施工单位技术人员修改图纸

4.【单选题】根据《建设工程质量管理条例》规定，施工单位应当对建筑材料、构配件、设备和商品混凝土进行检验，下列做法不符合规定的是(　　)。

A. 未经检验的，不得用于工程上

B. 检验不合格的，应当重新检验，直至合格

C. 检验要按规定的格式形成书面记录

D. 检验要有相关的专业人员签字

5.【单选题】根据有关法律法规有关工程返修的规定，下列说法正确的是（　　）。
A. 对施工过程中出现质量问题的建设工程，若非施工单位原因造成的，施工单位不负责返修
B. 对施工过程中出现质量问题的建设工程，无论是否施工单位原因造成的，施工单位都应负责返修
C. 对竣工验收不合格的建设工程，若非施工单位原因造成的，施工单位不负责返修
D. 对竣工验收不合格的建设工程，若是施工单位原因造成的，施工单位负责有偿返修

6.【多选题】以下各项中，属于施工单位的质量责任和义务的有（　　）。
A. 建立质量保证体系
B. 按图施工
C. 对建筑材料、构配件和设备进行检验的责任
D. 组织竣工验收
E. 见证取样

【答案】1.√；2.√；3.C；4.B；5.B；6.ABCE

第四节　《中华人民共和国劳动法》《中华人民共和国劳动合同法》

考点13：《中华人民共和国劳动法》①《中华人民共和国劳动合同法》② 立法目的

教材点睛　教材 P21

1. 《中华人民共和国劳动法》立法目的：为了保护劳动者的合法权益，调整劳动关系，建立和维护适应社会主义市场经济的劳动制度，促进经济发展和社会进步。现行《劳动法》是2018年第二次修订的。

2. 《中华人民共和国劳动合同法》立法目的：为了完善劳动合同制度，明确劳动合同双方当事人的权利和义务，保护劳动者的合法权益，构建和发展和谐稳定的劳动关系。现行《劳动合同法》是2013年修订施行的。

考点14：《中华人民共和国劳动法》《中华人民共和国劳动合同法》关于劳动合同和集体合同的有关规定★●

教材点睛　教材 P21~P27

法规依据：关于劳动合同的条文见《劳动法》第十六条～第三十二条，《劳动合同法》第七条～第五十条；

关于集体合同的条文见《劳动法》第三十三条～第三十五条，《劳动合同法》第五十一条～第五十六条。

---

① 以下正文简称《劳动法》，标题不简称。
② 以下正文简称《劳动合同法》，标题不简称。

> **教材点睛** 教材 P21~P27（续）

1. 劳动合同分类：分为固定期限劳动合同、无固定期限劳动合同和以完成一定工作任务为期限的劳动合同。集体合同实际上是一种特殊的劳动合同。

2. 劳动合同的订立

（1）应当订立无固定期限劳动合同的情况：劳动者在该用人单位连续工作满10年的；用人单位初次实行劳动合同制度或者国有企业改制重新订立劳动合同时，劳动者在该用人单位连续工作满10年且距法定退休年龄不足10年的；连续同一单位连续订立两次固定期限劳动合同的。

（2）订立劳动合同的时间限制：建立劳动关系，应当订立书面劳动合同。

3. 劳动合同无效的情况

（1）以欺诈、胁迫的手段或者乘人之危，使对方在违背真实意思的情况下订立或者变更劳动合同的；

（2）用人单位免除自己的法定责任、排除劳动者权利的；

（3）违反法律、行政法规强制性规定的。

劳动合同部分无效，不影响其他部分效力的，其他部分仍然有效。

4. 劳动合同的解除【详见 P24~P26】

5. 集体合同的内容与订立

(1) 集体合同的主要内容包括：劳动报酬、工作时间、休息休假、劳动安全卫生、保险福利等事项，也可以就劳动安全卫生、女职工权益保护、工资调整机制等事项订立专项集体合同。

(2) 集体合同的签订人：工会代表职工或由职工推举的代表。

(3) 集体合同的效力：对企业和企业全体职工具有约束力。职工个人与企业订立的劳动合同中劳动条件和劳动报酬等标准不得低于集体合同的规定。

(4) 集体合同争议的处理：因履行集体合同发生争议，经协商解决不成的，工会或职工协商代表可以自劳动争议发生之日起1年内向劳动争议仲裁委员会申请劳动仲裁；对劳动仲裁结果不服的，可以自收到仲裁裁决书之日起15日内向人民法院提起诉讼。

考点 15：《中华人民共和国劳动法》关于劳动安全卫生的有关规定●

> **教材点睛** 教材 P27

法规依据：《劳动法》第五十二条~第五十七条。

1. 劳动安全卫生的概念：指直接保护劳动者在劳动中的安全和健康的法律保护。

2. 用人单位和劳动者应当遵守的劳动安全卫生法律规定。【详见 P27】

巩固练习

1.【判断题】《劳动合同法》的立法目的，是完善劳动合同制度，建立和维护适应社会主义市场经济的劳动制度，明确劳动合同双方当事人的权利和义务，保护劳动者的合法

权益，构建和发展和谐稳定的劳动关系。（　）

2.【判断题】用人单位和劳动者之间订立的劳动合同可以采用书面或口头形式。
（　）

3.【判断题】已建立劳动关系，未同时订立书面劳动合同的，应当自用工之日起一个月内订立书面劳动合同。（　）

4.【判断题】用人单位违反集体合同，侵犯职工劳动权益的，职工可以要求用人单位承担责任。（　）

5.【单选题】下列社会关系中，属于我国《劳动法》调整的劳动关系的是（　）。
A. 施工单位与某个体经营者之间的加工承揽关系
B. 劳动者与施工单位之间在劳动过程中发生的关系
C. 家庭雇佣劳动关系
D. 社会保险机构与劳动者之间的关系

6.【单选题】2005年2月1日小李经过面试合格后并与某建筑公司签订了为期5年的用工合同，并约定了试用期，则试用期最迟至（　）。
A. 2005年2月28日　　　　　　　　B. 2005年5月31日
C. 2005年8月1日　　　　　　　　D. 2006年2月1日

7.【单选题】甲建筑材料公司聘请王某担任推销员，双方签订劳动合同，合同中约定如果王某完成承包标准，每月基本工资1000元，超额部分按40%提成，若不完成任务，可由公司扣减工资。下列选项中表述正确的是（　）。
A. 甲建筑材料公司不得扣减王某工资
B. 由于在试用期内，所以甲建筑材料公司的做法是符合《劳动合同法》的
C. 甲建筑材料公司可以扣发王某的工资，但是不得低于用人单位所在地的最低工资标准
D. 试用期内的工资不得低于本单位相同岗位的最低档工资

8.【单选题】贾某与乙建筑公司签订了一份劳动合同，在合同尚未期满时，贾某拟解除劳动合同。根据规定，贾某应当提前（　）日以书面形式通知用人单位。
A. 3　　　　　　　　　　　　　　B. 10
C. 15　　　　　　　　　　　　　D. 30

9.【单选题】在下列情形中，用人单位可以解除劳动合同，但应当提前30日以书面形式通知劳动者本人的是（　）。
A. 小王在试用期内迟到早退，不符合录用条件
B. 小李因盗窃被判刑
C. 小张在外出执行任务时负伤，失去左腿
D. 小吴下班时间酗酒摔伤住院，出院后不能从事原工作，也拒不从事单位另行安排的工作

10.【单选题】按照《劳动合同法》的规定，在下列选项中，用人单位提前30日以书面形式通知劳动者本人或额外支付1个月工资后可以解除劳动合同的情形是（　）。
A. 劳动者患病或非因工负伤在规定的医疗期满后不能胜任原工作的
B. 劳动者试用期间被证明不符合录用条件的

C. 劳动者被依法追究刑事责任的

D. 劳动者不能胜任工作，经培训或调整岗位仍不能胜任工作的

11.【单选题】王某应聘到某施工单位，双方于4月15日签订为期3年的劳动合同，其中约定试用期3个月，次日合同开始履行，7月18日，王某拟解除劳动合同，则（　　）。

　　A. 必须取得用人单位同意

　　B. 口头通知用人单位即可

　　C. 应提前30日以书面形式通知用人单位

　　D. 应报请劳动行政主管部门同意后以书面形式通知用人单位

12.【单选题】2013年1月，甲建筑材料公司聘请王某担任推销员，但2013年3月，由于王某怀孕，身体健康状况欠佳，未能完成任务，为此，公司按合同的约定扣减工资，只发生活费，其后，又有两个月均未能完成承包任务，因此，甲建筑材料公司解除了与王某的劳动合同。下列选项中表述正确的是（　　）。

　　A. 由于在试用期内，甲建筑材料公司可以随时解除劳动合同

　　B. 由于王某不能胜任工作，甲建筑材料公司应提前30日通知王某，解除劳动合同

　　C. 甲建筑材料公司可以支付王某一个月工资后解除劳动合同

　　D. 由于王某在怀孕期间，所以甲建筑材料公司不能解除劳动合同

13.【多选题】无效的劳动合同，从订立的时候起，就没有法律约束力。下列属于无效的劳动合同的有（　　）。

　　A. 报酬较低的劳动合同

　　B. 违反法律、行政法规强制性规定的劳动合同

　　C. 采用欺诈、威胁等手段订立的严重损害国家利益的劳动合同

　　D. 未规定明确合同期限的劳动合同

　　E. 劳动内容约定不明确的劳动合同

14.【多选题】关于劳动合同变更，下列表述中正确的有（　　）。

　　A. 用人单位与劳动者协商一致，可变更劳动合同的内容

　　B. 变更劳动合同只能在合同订立之后、尚未履行之前进行

　　C. 变更后的劳动合同文本由用人单位和劳动者各执一份

　　D. 变更劳动合同，应采用书面形式

　　E. 建筑公司可以单方变更劳动合同，变更后劳动合同有效

15.【多选题】根据《劳动合同法》，劳动者有下列（　　）情形之一的，用人单位可随时解除劳动合同。

　　A. 在试用期间被证明不符合录用条件的

　　B. 严重失职，营私舞弊，给用人单位造成重大损害的

　　C. 劳动者不能胜任工作，经过培训或者调整工作岗位，仍不能胜任工作的

　　D. 劳动者患病，在规定的医疗期满后不能从事原工作，也不能从事由用人单位另行安排的工作的

　　E. 被依法追究刑事责任

16.【多选题】某建筑公司发生以下事件：职工李某因工负伤而丧失劳动能力；职工

王某因盗窃自行车一辆而被公安机关给予行政处罚；职工徐某怀孕；职工陈某被派往境外逾期未归；职工张某因工程重大安全事故罪被判刑。对此，建筑公司可以随时解除劳动合同的有（　　）。

  A. 李某　　　　　　　　　　　　B. 王某
  C. 徐某　　　　　　　　　　　　D. 陈某
  E. 张某

17.【多选题】在下列情形中，用人单位不得解除劳动合同的有（　　）。
  A. 劳动者被依法追究刑事责任
  B. 女职工在孕期、产期、哺乳期
  C. 患病或者非因工负伤，在规定的医疗期内的
  D. 因工负伤被确认丧失或者部分丧失劳动能力
  E. 劳动者不能胜任工作，经过培训，仍不能胜任工作

18.【多选题】下列情况中，劳动合同终止的有（　　）。
  A. 劳动者开始依法享受基本养老待遇
  B. 劳动者死亡
  C. 用人单位名称发生变更
  D. 用人单位投资人变更
  E. 用人单位被依法宣告破产

【答案】1. ×；2. ×；3. √；4. ×；5. B；6. C；7. C；8. D；9. D；10. D；11. C；12. D；13. BC；14. ACD；15. ABE；16. DE；17. BCD；18. ABE

第二章　工程材料的基本知识

第一节　建筑给水管材及附件

考点16：建筑给水管材及附件★●

教材点睛　教材 P28～P36

1. 给水管材的分类、规格、特性及应用
（1）常用金属管材

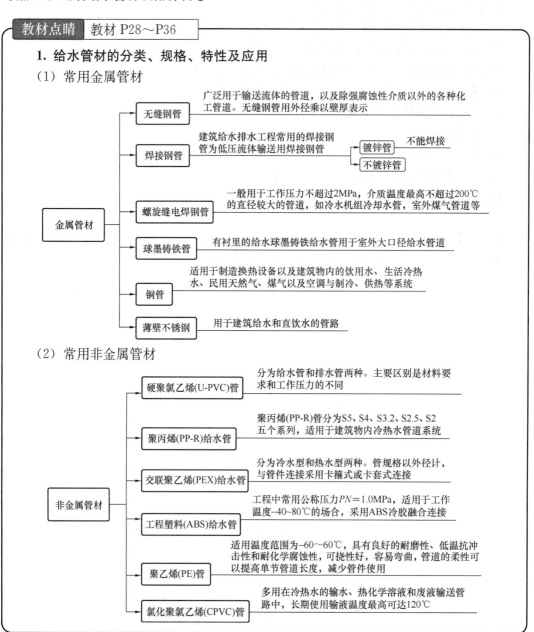

（2）常用非金属管材

> **教材点睛** 教材 P28～P36（续）

（3）常用复合管材

1）钢塑复合管：①钢管内壁衬（涂）＋塑料层复合而成；②分为衬塑钢管和涂塑钢管两种；③特点是强度高，干净卫生，不污染水质，具有减阻、防腐、抗压、抗菌等作用；④广泛应用于给水、油气及各种化工流体的输送。

2）铝塑复合管：①由内外层塑料（PE）＋中间层铝合金及胶接层复合而成；②符合卫生标准，具有较高的耐压、耐冲击、抗裂能力和良好的保温性能。

2. 给水附件的分类及特性

（1）常用阀门

1）阀门产品型号：由阀门类型、驱动方式、连接形式、结构形式、密封面或衬里材料、公称压力、阀体材料七部分组成。

2）给水排水工程也可按用途、压力等级、驱动方式来进行划分。

① 按用途划分：截断阀、止回阀、调节阀。

② 按压力等级划分：真空阀、低压阀、中压阀、高压阀。

③ 按驱动方式划分：手动阀门、动力驱动阀门、自动阀门。

（2）消防专用阀门：室内消火栓、室外消火栓、自动喷水灭火系统阀门。

（3）常用管件：管件应有符合国家标准的明显标志；其材质应和管材配套。

（4）波纹金属软管：作为补偿位移和安装偏差、吸收振动及降低噪声等使用；通常安装在振动设备进出口、管道穿越沉降缝处、管道连接卫生洁具及水嘴处。

（5）水表：常见于自来水的用户端，其度数为计算水费的依据。按测量原理，水表可分为速度式水表（旋翼式水表、螺翼式水表）和容积式水表。民用分户水表一般采用旋翼式水表。

（6）水泵：是输送水或使水增压的机械，其技术参数有流量、吸程、扬程、功率、转速、效率等。

巩固练习

1. 【判断题】无缝钢管按制造方法分为热轧管和冷拔（轧）管。（　　）

2. 【判断题】镀锌焊接钢管由焊接钢管热浸镀锌而成，两者规格不同。（　　）

3. 【判断题】螺旋缝电焊钢管采用普通碳素钢或低合金钢制造。（　　）

4. 【判断题】室外大口径给水管道通常采用机制灰口铸铁管，采用T形滑入式柔性接口，橡胶圈密封。（　　）

5. 【判断题】钢塑复合管是指在钢管内壁衬（涂）一定厚度防腐胶层复合而成的管材，它可分为衬胶钢管和涂胶钢管两种。（　　）

6. 【单选题】下列不属于消防专用阀门的是（　　）。

A. 截断阀　　　　　　　　　　　B. 室内消火栓
C. 室外消火栓　　　　　　　　　D. 自动喷水灭火系统阀门

7. 【单选题】下列选项中不属于按测量原理分类的水表是（　　）。

A. 旋翼式水表 B. 螺翼式水表
C. 容积式水表 D. 强度式水表

8.【单选题】波纹金属软管作为补偿位移和安装偏差、吸收振动及降低噪声等使用，通常安装在（　　）。

A. 振动设备进出口处 B. 管道穿越墙体处
C. 管道穿越楼板处 D. 管道穿越构筑物处

9.【单选题】铝塑复合管的特点不包括（　　）。

A. 耐冲击 B. 较高的耐压
C. 较高的抗裂能力 D. 较低的保温性能

10.【多选题】水泵的技术参数有（　　）。

A. 功率 B. 流量
C. 扬程 D. 吸程
E. 流速

【答案】1. √；2. ×；3. √；4. ×；5. ×；6. A；7. D；8. A；9. D；10. ABCD

第二节　建筑排水管材及附件

考点17：建筑排水管材及附件★

> **教材点睛**　教材 P37

1. 排水管材的分类、规格、特性及应用

（1）球墨铸铁排水管：规格有 $DN50mm \sim DN200mm$；接口分为法兰对夹连接橡胶圈密封及柔性平口连接排水铸铁管两种形式；常用于室内排水管。

（2）排水塑料管的公称外径常用的有 40、50、75、90、110、125、160，单位是 mm。

1）U-PVC 排水管：是非承压管材，具有质量轻、不结垢、抗腐蚀、易切割、价格低等优点，但耐热性能差，适用于连续排放温度不超过 40℃，瞬时排放温度不超过 80℃的生活污水输送。

2）有芯层发泡 U-PVC 管、螺旋内壁 U-PVC 管：降噪效果较明显，可用于隔声要求比较高的室内排水系统。

（3）混凝土管：适用于室外排水管线，内径有 100、150、200、250、300、350、400、450、500、600 等，单位是 mm；连接方式分为柔性连接和刚性连接两种。

1）柔性连接采用弹性密封圈或弹性填料的插入式接头形式。

2）刚性连接采用有石棉水泥、膨胀水泥砂浆等填料的插入式接头等形式。

2. 排水附件的分类及特性

（1）排水管道的附件材质基本上与管材相一致。

（2）排水附件：有管道的连接件、排水口、清通用管件、保持功能用管件、室外排水局部处理构筑物等。

> **巩固练习**

1. 【判断题】球墨铸铁管常用于室内排水管。　　　　　　　　　　　　　　　(   )
2. 【判断题】U-PVC排水管是非承压管材，具有质量轻、不结垢、抗腐蚀、易切割、价格低等优点。　　　　　　　　　　　　　　　　　　　　　　　　　　(   )
3. 【判断题】混凝土管适用于室内排水管线。　　　　　　　　　　　　　　　(   )
4. 【判断题】排水管道的附件材质基本上应与管材相一致。　　　　　　　　　(   )
5. 【单选题】(　　)一般由反漩涡顶盖、格栅片、底座和底座支架组成。
   A. 检查口　　　　　　　　　　　　　B. 清扫口
   C. 地漏　　　　　　　　　　　　　　D. 虹吸雨水斗
6. 【多选题】排水清通用管件有(　　)、除污器、毛发聚集器等。
   A. 检查口　　　　　　　　　　　　　B. 清扫口
   C. 地漏　　　　　　　　　　　　　　D. 四通
   E. 存水弯

【答案】1. √；2. √；3. ×；4. √；5. D；6. AB

第三节　卫　生　器　具

考点18：卫生器具

> **教材点睛**　教材P38～P39

1. 便溺用卫生器具：主要有大便器、小便器、小便槽三类，其排放的水称为生活污水。

2. 盥洗、淋浴用卫生器具：主要有洗脸盆、浴盆、成套淋浴房、盥洗槽等，其排放的水称为生活废水。

3. 洗涤用卫生器：包括各种类型的洗涤盆、污水盆、拖布盆、实验室化验盆、妇女卫生盆等，其材质以陶瓷为主，也有一定数量的不锈钢、石质和水泥产品。

4. 卫生器具附件

（1）给水附件主要包括：各种类型的水嘴、冲洗阀、浮球阀、配水阀（三角阀）、配水短管等。

（2）排水附件主要包括：排水栓、存水弯（S弯和P弯）、排水斗等。

5. 无障碍卫生洁具：具有无障碍坐便器、无障碍洗手盆、无障碍小便器等，无障碍卫生洁具侧边通常安装必需的安全抓杆和救助呼叫装置。

> **巩固练习**

1. 【判断题】便溺用卫生器具排放的水为生活废水。　　　　　　　　　　　(   )

2.【判断题】盥洗、淋浴用卫生器具排放的水为生活污水。 （ ）

3.【判断题】排水附件主要包括：排水栓、存水弯（S弯和P弯）、排水斗等。
（ ）

4.【单选题】无障碍卫生洁具不包括（ ）。
A. 无障碍坐便器　　　　　　　　B. 无障碍洗手盆
C. 无障碍拖布池　　　　　　　　D. 无障碍小便器

5.【单选题】无障碍卫生洁具侧边通常必须安装（ ）。
A. 衣物钩　　　　　　　　　　　B. 洁厕纸盒
C. 洗手液　　　　　　　　　　　D. 安全抓杆和救助呼叫装置

6.【单选题】卫生器具给水附件主要包括各种类型的（ ）、冲洗阀、浮球阀、配水阀（三角阀）、配水短管等。
A. 水嘴　　　　　　　　　　　　B. 减压阀
C. 安全阀　　　　　　　　　　　D. 补心

【答案】1. ×；2. ×；3. √；4. C；5. D；6. A

第四节　电线、电缆及电线导管

考点19：电线、电缆、电线导管★●

教材点睛　教材P39～P43

1. 电线

(1) 常用电线的型号的构成

1) 型号编制的方法如图2-5所示（P39）。

2) 说明

说明项目	字母含义
代号或用途	B为固定敷设电线（又称布电线路电线）；R为软线；N为农用直埋线
线芯材质	铝芯用L表示；铜芯用T表示，在型号中可以省去不标
芯线外的绝缘材料	V为聚氯乙烯；X为天然橡皮绝缘；F为丁腈聚氯乙烯复合物绝缘；E为乙丙橡胶绝缘；YJ为交联聚乙烯绝缘
护套（用于多芯电线或电缆外侧）	V为聚氯乙烯护套；Y为聚乙烯护套；X为天然橡皮护套；F为氯丁橡胶护套
派生	W表示户外用

(2) 常用电线的型号见表2-21（P39）。

2. 电缆

(1) 型号构成的方法和绝缘及护套的材料代号基本与电线相同。

(2) 电缆有外覆的铠装，多用数字表达，见表2-22【P40】。

教材点睛　教材P39～P43(续)

（3）常用的电缆：分为电力电缆和控制电缆两大类，电力电缆供应电能，控制电缆为信号、指令、测量数据等提供通路。常用电缆的型号见表2-23【P41】。

（4）电缆的导体：电缆的导体标称截面系列与电线相同；导体有单芯、双芯、三芯、四芯和五芯等五种。控制电缆均为铜芯多芯电缆。KVV型控制电缆芯线截面面积为$0.75\sim 2.5m^2$，芯线根数为2～61根。

（5）电缆的额定电压：房屋建筑安装工程中电力电缆的额定电压有1kV、10kV、35kV；控制电缆的额定压U_0/U有两类，即300V/500V；450V/750V。

3. 导管分类：①按材质可分为金属导管和非金属导管两类；②按刚度可分为刚性导管、柔性导管及可挠性导管三类；③按通用程度可分为专用导管和非专用导管两类；④根据建筑市场中的型号分为轻型、中型、重型三种，在建筑施工中宜采用中型、重型。

巩固练习

1.【判断题】电缆型号构成的方法和绝缘及护套的材料代号与电线不同。　（　）

2.【判断题】电缆分为电力电缆和控制电缆两大类，电力电缆供应电能，控制电缆为信号、指令，测量数据等提供通路。　（　）

3.【判断题】房屋建筑安装工程中电力电缆的额定电压有1kV、11kV、110kV。
　　　　　　　　　　　　　　　　　　　　　　　　　　　　　　　　　（　）

4.【单选题】导管按（　）可分为刚性导管、柔性导管及可挠性导管。

A. 刚度　　　　　　　　　　　　B. 强度

C. 材质　　　　　　　　　　　　D. 用途

5.【单选题】户外用的电缆用字母（　）表示。

A. E　　　　　　　　　　　　　B. W

C. X　　　　　　　　　　　　　D. Y

6.【单选题】多股电线一般作为（　）使用。

A. 布线　　　　　　　　　　　　B. 设备的馈电线

C. 信号线　　　　　　　　　　　D. 控制线

7.【单选题】房屋建筑安装工程中电力电缆常见的额定电压不包括（　）。

A. 35kV　　　　　　　　　　　　B. 1kV

C. 1000kV　　　　　　　　　　　D. 10kV

8.【多选题】常用的电缆按传输介质分为（　）。

A. 绝缘电缆　　　　　　　　　　B. 电力电缆

C. 护套电缆　　　　　　　　　　D. 控制电缆

E. 铠装电缆

9.【多选题】电线绝缘是指芯线外的绝缘材料名称，如V为（　）绝缘；X为（　）；F为丁腈聚氯乙烯复合物绝缘；E为乙丙橡皮绝缘；YJ为（　）绝缘。

A. 聚氯乙烯　　　　　　　　B. 天然橡胶
C. 交联聚乙烯　　　　　　　D. 石棉
E. 碳

【答案】1. ×；2. √；3. ×；4. A；5. B；6. B；7. C；8. BD；9. ABC

第五节　照明灯具、开关及插座

考点 20：照明灯具、开关、插座★

> **教材点睛**　教材 P43～P46
>
> **1. 照明灯具**
> （1）照明灯具可分为现场组装的灯具和成套灯具两大类。
> （2）灯具按防触电保护形式分为Ⅰ类、Ⅱ类和Ⅲ类。
> 1）Ⅰ类灯具外露可导电部分必须采用铜芯软导线与保护导体可靠连接，导线间的连接应采用导线连接器或缠绕搪锡连接，连接处应设置接地标识。
> 2）Ⅱ类灯具外壳不需要与保护导体连接。
> 3）Ⅲ类灯具外壳不容许与保护导体连接。
> （3）灯具的铭牌除标明额定工作电压外，还标明使用的光源的最大功率。
> （4）常见灯具类型有吸顶灯、壁灯、吊杆灯、吊线灯、吊链灯等。
> （5）灯具的电光源
> 1）电光源文字符号见表 2-30。【P45】
> 2）电光源根据其由电能转换光能的工作原理不同，可分为热辐射光源、气体放电光源和电致发光电源三大类。
>
> **2. 照明开关及插座**
> （1）开关和插座均有明装和暗装两大类。
> （2）常用的照明开关的额定电流为 3A、5A、10A、15A、20A、30A 等。
> （3）常用的插座额定电流为 5A、10A、15A 等。
> （4）照明开关和插座均由工程塑料与铜导体及紧固螺栓构成。
> （5）照明开关从外形和内部结构可分为单极开关、双极开关、三极开关、单极三线双控开关、风扇调速开关、拉线开关、限时开关等类别。
> （6）照明插座从外形和内部结构可分为单相双孔插座、单相带接地孔的三孔插座、带接地孔的三相四孔插座、带中性线孔和接地孔的三相五孔插座、防触电带保护的单相插座、具有单极开关的单相插座等各种类别。

巩固练习

1.【判断题】成套灯具由设计单位按供应商提供的样本根据建筑设计选定，但其光源

要另行购置。 （　　）

2.【判断题】灯具按防触电保护形式分为Ⅰ类、Ⅱ类和Ⅲ类。 （　　）

3.【单选题】常用的插座额定电流为（　　）、10A、15A等。
A. 1A B. 5A
C. 3A D. 12A

4.【单选题】照明插座从外形和内部结构可分为：（　　）插座、单相带接地孔的三孔插座。
A. 单相双孔插座 B. 双相三孔插座
C. 三相双孔插座 D. 带接地插座

5.【单选题】Ⅰ类灯具外露可导电部分必须采用（　　）与保护导体可靠连接。
A. 铝芯软导线 B. 铜芯软导线
C. 铁芯硬导线 D. 铁芯软导线

6.【单选题】（　　）类灯具外壳不容许与保护导体连接。
A. Ⅰ B. Ⅱ
C. Ⅲ D. Ⅳ

7.【单选题】照明开关和插座的构成不包括（　　）。
A. 铜导体 B. 工程塑料
C. 铁导体 D. 紧固螺栓

8.【多选题】电光源根据其由电能转换光能的工作原理不同，可分为（　　）。
A. 紫外线光源 B. 红外线光源
C. 热辐射光源 D. 气体放电光源
E. 电致发光电源

【答案】1.√；2.√；3.B；4.A；5.B；6.C；7.C；8.CDE

第六节　通风空调工程常用材料

考点21：通风空调工程常用材料★●

教材点睛　教材 P46~P49

1. 金属板材

（1）常用的金属板材有：普通钢板、镀锌薄钢板、彩色涂层钢板、铝板、不锈钢板和塑料复合钢板等。

（2）普通钢板：厚度一般为 0.5~2.0mm，具有良好的机械强度和加工性能，价格比较便宜，在通风工程中应用最为广泛。但其表面较易生锈，在使用前应进行刷油防腐。

（3）镀锌薄钢板：用于空调及通风、洁净空调、防排烟等系统和潮湿环境中的风管制作。镀锌层厚度应按设计或合同规定选用，当设计无规定时，不应采用小于 $80g/m^2$ 板材；净化空调系统的镀锌层厚度不小于 $100g/m^2$。

27

> **教材点睛** 教材 P46～P49（续）

（4）铝及铝合金板：用于通风空调工程中的铝板多以纯铝制作，有退火的和冷作硬化的两种。铝合金板具有较强的机械强度，比重小，塑性及耐腐蚀性能也很好，易于加工成型。铝及铝合金板在摩擦时不易产生火花，常用于通风工程的防爆系统中。

（5）不锈钢板：具有较高的强度和硬度，韧性大，可焊性强，在空气、酸性及碱性溶液或其他介质中有较高的化学稳定性。不锈钢板多用在化学工业输送含有腐蚀性介质的通风系统中。

2. 非金属材料

（1）玻璃钢

1）玻璃钢风管：内表面平整光滑、外表面整齐美观，厚度均匀，且边缘处不应有毛刺及分层现象，适用于输送腐蚀性气体的通风系统中。

2）无机玻璃钢通风管道：具有重量轻、强度高、保温隔热、阻燃、抗腐蚀、无毒无污染的特性。

（2）硬聚氯乙烯：具有一定的机械强度、弹性和良好的耐腐蚀性以及良好的化学稳定性，有良好的可塑性、可焊性，便于加工成型，广泛应用于通风工程中。但其热稳定性较差，一般在－10～60℃使用。

3. 复合材料

（1）玻镁复合板：由两层高强度无机材料和一层保温材料复合而成，解决了返潮、返卤问题，而且不含氯离子，是一种重量轻、强度高、不燃烧、隔声性能好的材料。

（2）玻纤铝箔复合板：由外表面铝箔隔气保护层、玻璃纤维中间层和内表面防纤维脱落的保护层组成，具有防火、防毒、耐腐蚀、重量轻、耐高温、使用寿命长、防潮性及憎水性好、外形美观、内层、表层防霉抗菌等诸多优点，是优越的保温、隔热、吸声材料。

（3）酚醛铝箔复合板：绝热层为硬质酚醛泡沫，具有环保、节能、安全、不燃、隔声、美观、清洁、使用寿命长等多种优越性能，广泛用于工业与民用建筑、酒店、医院、写字楼以及其他有特殊要求的场所。

（4）聚氨酯铝箔复合板：采用微氟难燃 B_1 级聚氨酯硬质泡沫作为夹心层，双面复合不燃铝箔板一次性加工成型。在防火、物理性能、保温和环保等各方面均能满足通风管道的使用要求。

（5）彩钢复合板

1）彩钢复合板是将彩色涂层钢板或其他面材及底板与保温芯材通过胶粘剂（或发泡）整体加工复合而成的保温型复合板材，具有环保、节能、安全、不燃、隔声、美观、清洁、使用寿命长等多种优越性，广泛适用于工业及民用建筑、酒店、医院、写字楼等场所。

2）彩钢复合防火板是将彩钢板与镁质防火板用防火胶机械一次成型，具有强度高、重量轻、不吸水、不返卤、防潮、耐酸碱、保温隔热和隔声性能好、绿色环保无毒性等特点，且具有良好的防火性能，燃烧性能达到 A_1 级，广泛用于工业与民用建筑及消防防排烟等系统。

> **教材点睛** 教材 P46~P49(续)
>
> **4. 纤维织物布**：用于柔性风管的加工，具有重量轻、不产生冷凝水、无噪声、容易清洗和维护等特点，主要应用于体育馆、会展中心等大型建筑和制药、电子、农业、实验室等的空调通风系统，以及食品工业洁净用房中风管和风口易堵和清洗频繁的管段。
>
> **5. 常用辅助材料**
>
> （1）垫料：主要用于风管法兰接口连接、空气过滤器与风管的连接以及通风、空调器各处理段的连接等部位作为衬垫，以保持接口处的严密性。工程中常用的垫料有石棉绳、橡胶板、石棉橡胶板、乳胶海绵板、闭孔海绵橡胶板、耐酸橡胶板、软聚氯乙烯塑料板和新型密封垫料等，可按风管壁厚、所输送介质的性质以及要求密闭程度的不同来选用。
>
> （2）螺栓和螺母：用于风管法兰的连接和通风设备与支架的连接，一般将六角螺栓和六角螺母配套使用。安装在地下室等潮湿环境的风管法兰螺栓宜采用热镀锌制品。
>
> （3）铆钉：主要用于板材与板材、风管或部件与法兰之间的连接。常用的铆钉有抽芯铆钉、半圆头铆钉和平头铆钉等。净化空调系统应采用镀锌铆钉，不得使用抽芯铆钉。不锈钢风管应采用同材质铆钉，抽芯铆钉不得用于软接与法兰连接固定。

巩固练习

1.【判断题】螺栓和螺母用于风管法兰的连接和通风设备与支架的连接，一般使用六角螺栓和六角螺母配套使用。（   ）

2.【判断题】在电气工程中，铆钉主要用于板材与板材、风管或部件与法兰之间的连接。（   ）

3.【判断题】以橡胶为基料并添加补强剂、增粘剂等填料，配置而成的浅黄色或白色黏性胶带，用作通风、空调风管法兰的密封垫料。（   ）

4.【判断题】彩钢板复合板采用彩钢板［内（外）表面］中间夹保温层整体加工。（   ）

5.【判断题】法兰主要用于风管法兰接口连接、空气过滤器与风管的连接以及通风、空调器各处理段的连接等部位作为衬垫，以保持接口处的严密性。（   ）

6.【单选题】风管法兰的连接和通风设备与支架的连接，一般使用（   ）和六角螺母配套使用。

　　A. 铆钉　　　　　　　　　　　B. 六角螺栓
　　C. 法兰　　　　　　　　　　　D. 焊条

7.【单选题】螺栓的规格以螺栓的公称直径乘以（   ）表示。

　　A. 螺距长度　　　　　　　　　B. 螺杆长度
　　C. 螺扣数量　　　　　　　　　D. 螺纹数量

8.【单选题】以下用于通风空调风管的材料不属于复合材料的是（   ）。

　　A. 聚氨酯铝箔复合板　　　　　B. 彩钢复合板

C. 硬聚氯乙烯　　　　　　　　　　D. 玻纤铝箔复合板
9.【多选题】六角螺栓按产品等级（精度）分为（　　）。
A. C级　　　　　　　　　　　　　B. A级
C. B级　　　　　　　　　　　　　D. N级
E. T级

【答案】1.√；2.×；3.√；4.√；5.×；6.B；7.B；8.C；9.ABC

第三章　施工图识读与绘制的基本知识

第一节　建筑物施工图的基本知识

考点 22：施工图的基本知识★●

教材点睛　教材 P50~P54

1. 常用符号及规定

（1）标高：建筑施工图纸中的标高采用相对标高，以建筑物地上部分首层室内地面作为相对标高的±0.000点。地上部分标高为正数，地下部分标高为负数。

（2）定位轴线：在建筑物的承重墙、柱、梁和屋架等主要构件的位置画上定位轴线并进行编号；水平方向用阿拉伯数字自左至右依次编号；垂直方向用大写拉丁字母由下向上依次编号（其中I、O、Z不得使用）。

（3）索引和详图：索引符号用以标明总图与详图间的关系，画在总图上；详图符号与索引符号相对应。

（4）指北针和风玫瑰：指北针，用以表示建筑物的朝向，标注位置在总图及建筑图上；风玫瑰符号（风向频率玫瑰图），用以表示地区常年和夏季的主导风向，标注位置在总平面图上。

2. 建筑施工图的分类及作用

（1）建筑施工图依据正投影法原理绘制。

（2）一套建筑施工图通常包括：图纸目录、设计说明、施工总平面图、各层建筑平面图、建筑立面图、建筑剖面图、各类详图（如设备基础图）等。

（3）设计说明的作用：让施工人员能初步了解工程的规模、性质、技术要求等。

（4）施工总平面图的作用：是编制施工组织设计或施工方案的重要依据之一，对施工平面布置、临时设施安排起决定性作用。

（5）建筑平面图及其作用：是建筑物的水平剖视图，主要用来表达房屋平面布置的情况，屋顶平面图为建筑物的俯视图。

（6）建筑立面图及其作用：是建筑物的正投影图和侧投影图，以立面朝向命名，与总平面图上的布置朝向一一对应。其主要用来反映建筑物的外形、总高度、各楼层高度、外部门窗位置及形式、室外地坪标高等，以及建筑物外墙装饰要求和与安装工程有关的孔洞位置。

（7）建筑剖面图：是与建筑物平面相垂直剖面构成的剖视图，一般选择在内部结构和构造比较复杂的位置。

（8）设备基础图：主要表达设备基础图的形式及进行位置标示，具体构造要查阅用较大比例出图的详图。

> 巩固练习

1. 【判断题】投影的分类，依照投射线发出的不同可分为正投影法、斜投影法、轴测投影法。（ ）

2. 【判断题】标高分为水平标高和垂直标高。（ ）

3. 【单选题】投影分类中依照投射线发出的方向不同可分为（ ）。
   A. 中心投影法、平行投影法、轴测投影法 B. 正投影法、平行投影法、轴测投影法
   C. 正投影法、斜投影法、轴测投影法   D. 正投影法、斜投影法、平行投影法

4. 【单选题】用三个互相垂直的投影面，将物体置于其间用正投影法，在三个投影面上得到三个视图，投影的名称分别为正面投影、水平投影、侧面投影，所得视图分别为（ ）。
   A. 主视图、俯视图、左视图   B. 主视图、右视图、左视图
   C. 俯视图、右视图、主视图   D. 俯视图、左视图、后视图

5. 【单选题】在总平面图和建筑物底层平面图上，一般应画上（ ），用以表示建筑物的朝向。
   A. 风玫瑰   B. 指北针
   C. 标高   D. 定位轴线

6. 【单选题】建筑施工图中，把室内首层地面高度定为（ ）零点。
   A. 相对标高   B. 绝对标高
   C. 起始标高   D. 计算标高

7. 【多选题】用三个互相垂直的投影面，将物体置于其间用正投影法，在三个投影面上得到三个视图，投影的名称分别为正面投影、水平投影、侧面投影，所得视图分别为（ ）。
   A. 主视图   B. 左视图
   C. 俯视图   D. 后视图
   E. 右视图

8. 【多选题】建筑施工总平面图要反映原有和新建建筑物、构筑物的位置和标高，是（ ）的依据。
   A. 新建工程定位   B. 施工放线
   C. 土方施工   D. 电缆敷设
   E. 土方平衡

9. 【多选题】表达在建筑施工图上的设备安装用基础的形式有（ ）。
   A. 整体浇筑的钢筋混凝土块体基础
   B. 型钢钢板连接全钢基础
   C. 底板横梁和墙或纵墙相互连接的墙式基础
   D. 铸钢或铸铁加工成的整体基础
   E. 下部平板和梁、柱构成的框架式基础

【答案】1. ×；2. ×；3. A；4. A；5. B；6. A；7. ABC；8. ABCE；9. ACE

第二节　建筑设备施工图图示方法及内容

考点 23：概述

> **教材点睛**　教材 P54～P56
>
> **1. 各专业特点**
> （1）机械设备安装图、压力容器制作安装图、钢结构制作安装图：以适当比例用机械制图法则反映实体的外形和尺寸，并附有详细的节点图。
> （2）管道安装图、通风与空调管安装图：以适当比例用示意和图例方式表示管道走向、管与零部件的连接位置、管与机械设备和容器等的连通部位，以及表明管与管之间的相对位置，附须参阅的施工标准图集名称。
> （3）电气和仪表安装图、智能化安装图：以示意和图例表示相关的设备、器具和元器件与线路间的连接关系，设备安装的位置及在建筑施工图上的中心尺寸或外形尺寸，要求符合机械制图法则，有适当比例，附须参阅的施工标准图集名称，以及相关产品技术说明书的要求。
> （4）绝热工程安装图：施工图原则上符合机械制图法则，附须参阅的施工标准图集名称，新型的绝热材料施工须有相关产品的技术要求。
> **2. 工艺流程图**：是将工程中的机械设备、容器、管道、电气、仪表等综合反映在同一张图面上，仅表明其相互关联关系和生产中的物料流向，无比例，仅示意。
> **3. 图纸幅面规格与图样比例**（详见表 3-1 和图 3-8、图 3-9，P55）

考点 24：建筑给水排水工程施工图的图示方法及内容★●

> **教材点睛**　教材 P56～P76
>
> **1. 管子的单、双线图**
> （1）给水排水工程、通风与空调工程、消防工程等三类工程施工图在表达形式的共同点：设备安装位置用三视图表达，元件、器件、部件用图例和符号表示。
> （2）双线表示法：是用两根线条表示管子管件形状而不表达壁厚的方法。
> （3）单线表示法：是把管子的壁厚和空心的管腔全部看成一条线的投影，用粗实线来表示的方法。给水排水施工图多采用单线图。
> （4）单、双线法的示例【如图 3-10～图 3-13、表 3-3 所示（P56～P57）】。
> **2. 管子的交叉和重叠**
> （1）管子交叉的表示：分为两根管子交叉、多根管子交叉两类表示方法【如图 3-15、图 3-16 所示（P58）】。
> （2）管子重叠的表示：分为两根管子的重叠、多根管子的重叠两类表示方法【如图 3-17、图 3-18 所示（P59）】。

> **教材点睛** 教材 P56~P76

3. 管道规格的表示

（1）管道规格：采用管径表示，管径以毫米（mm）为单位。

（2）管径的表达方法

1）水煤气输送管（镀锌或非镀锌管）、铸铁管等管材，管径以公称直径表示——DN。

2）无缝钢管、焊接钢管（直缝或螺旋缝）等管材，管径为外径×壁厚表示——D×壁厚数值。

3）铜管、薄壁不锈钢管等管材，管径以公称外径表示——Dw。

4）建筑给水排水塑料管材，管径宜以内径表示——dn。

5）钢筋混凝土（或混凝土）管，管径宜以内径表示——d。

（3）管径的标注方法【如图 3-19 所示（P60）】。

4. 安装标高的表示

（1）标高标注采用相对标高，以米（m）为单位，保留两位小数。零点标高写成±0.00，正数标高不注"＋"，负数标高应注"－"。

（2）标高标注部位：压力管道应标注管中心标高；重力流管道和沟渠宜标注管（沟）内底标高。

（3）标高标注方法【如图 3-20 所示（P61）】。

5. 流向和坡度的表示【如图 3-21 所示（P61）】

6. 常用的图例【如表 3-4~表 3-12 所示（P62~P73）】

7. 管道系统的轴测图：采用斜二测画法，用来表示管道及设备的空间位置关系。轴测图立体感强，主要设备材料的规格数量、安装的标高、间距、坡向等参数均有明确的标注，易读易懂，信息量大。

8. 管道系统的平面图：室内给水排水系统一般通过平面图和系统图来表达，给水平面图主要表示供水管线在室内的走向、管子规格、用水器具及设备、阀门、附件等；排水平面图主要表示室内排水管的走向、管径、污水排出装置的位置。

9. 管道系统的详图：可表明管道、附件及设备制作和安装的具体形式、方法和详细构造及加工尺寸。给水排水施工图中的详图主要包括管道节点、水表、过墙套管、卫生器具等的安装详图和卫生间大样详图，其中的节点图可以清楚地表示某一部分管道的详细结构尺寸。

> **巩固练习**

1.【判断题】管子的单线或双线图均应表示管子的壁厚。　　　　　　　　（　　）

2.【判断题】工艺流程图仅表明其相互关联关系和生产中的物料流向，无比例，仅示意。　　　　　　　　　　　　　　　　　　　　　　　　　　　　　　　　（　　）

3.【判断题】铜管、薄壁不锈钢管等管材，管径以公称外径表示。　　　　（　　）

4.【单选题】安装工程施工图中，对管道安装、通风与空调管安装通常以适当比例用

（　　）方式表示管道走向、管与零部件的连接位置、管与机械设备和容器等的连通部位，以及表明管与管间的相对位置。

A. 机械制图法则
B. 工艺流程图
C. 物体的三视图
D. 示意和图例

5.【单选题】建筑机电设备管线工程设计的施工图纸，剖面图中经常采用双线表示法的管道工程是（　　）。

A. 室外供暖安装工程
B. 空调机房管道安装工程
C. 室外给水安装工程
D. 室外污水管道工程

6.【单选题】给水排水工程用轴测图表示的特点之一是（　　）。

A. 图幅较小
B. 表达清楚
C. 立体感强
D. 方便计算

7.【单选题】房屋建筑安装工程中的设备安装位置用（　　）表达。

A. 二视图
B. 三视图
C. 四视图
D. 图例和符号

8.【单选题】设备管线图中如单、双线同时存在，通常小管子用（　　）表示，大管子用（　　）表示。

A. 单线，双线
B. 双线，单线
C. 双线，细线
D. 粗线，单线

9.【单选题】压力管道应标注（　　）标高。

A. 管顶
B. 管中心
C. 管底
D. 管沟

10.【多选题】室内给水排水系统一般通过（　　）来表达。

A. 立面图
B. 平面图
C. 透视图
D. 系统图
E. 坡度图

【答案】1.×；2.√；3.√；4.D；5.D；6.C；7.B；8.A；9.B；10.BD

考点 25：建筑电气工程施工图的图示方法及内容●

> **教材点睛**　教材 P76～P85
>
> **1. 电气工程施工图主要包括**：总说明、系统图、电路图、安装接线图、设备布置图、电气平面图（电气总平面图、电气动力平面图、电气照明平面图）等。
>
> **2. 线路敷设的表达方法**（详见 P78～P80）。
>
> **3. 灯具安装的表达方法**（详见 P80）。
>
> **4. 常用的图例**【如表 3-17～表 3-22 所示（P81～P85）】。

巩固练习

1.【判断题】电气工程施工图是依据工程规模和性质来提供类别和数量。　　（　　）

2.【判断题】电气系统图是用单线图表示电能或电信号按回路分配出去的图样。
（　　）

3.【单选题】电力系统图用以表达供电方式和（　　）。
A. 电气原件工作原理　　　　　　B. 原件间接线关系
C. 设备间布置关系　　　　　　　D. 电能分配的关系

4.【单选题】设备材料明细表一般要列出系统主要设备及主要材料的名称、规格、型号、数量、具体要求，但（　　）仅作参考。
A. 规格　　　　　　　　　　　　B. 型号
C. 名称　　　　　　　　　　　　D. 数量

5.【单选题】电气平面图不包括（　　）。
A. 电气原理平面图　　　　　　　B. 电气总平面图
C. 电气照明平面图　　　　　　　D. 电气动力平面图

6.【多选题】电气工程施工图主要包括（　　）。
A. 总说明　　　　　　　　　　　B. 系统图
C. 电气平面图　　　　　　　　　D. 电路图
E. 设备平面布置图

【答案】1.√；2.√；3.D；4.D；5.A；6.ABCDE

考点 26：建筑通风与空调工程施工图的图示方法及内容★●

教材点睛　教材 P85～P96

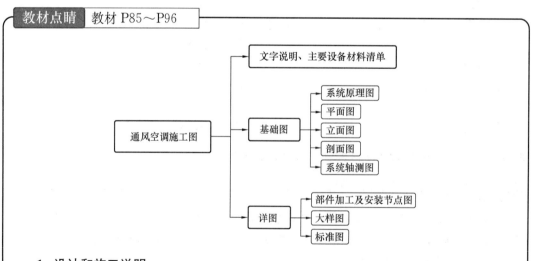

1. 设计和施工说明

（1）设计说明主要介绍：设计依据、工程概况及建设规模、设计范围与分工（EPC）、消防类别、耐火等级、抗震设防烈度、设计总则、设计参数（室内外设计计算参数）等。空调系统与通风、空调系统自动控制与计量、管材安装与防腐保温、暖通工程专项设计（防排烟系统、暖通抗震支架、人防工程通风）、暖通绿色建筑节能设计等系统设计要求。

> **教材点睛** 教材 P85~P96（续）

（2）施工总说明包括通风与空调工程总要求说明（与图纸同样有效，是施工安装的依据性文件）。

2. 暖通系统原理图：是综合性的示意图，系统图中应绘出设备、阀门、控制仪表、配件，标注介质流向、管径及立管、设备编号等。

3. 通风空调详图：表明风管、部件及设备制作和安装的具体形式、方法和详细构造及加工尺寸。

4. 节点图：是对平面图及其他施工图不能表达清楚的某点图形的放大。节点用代号来表示它所在的位置。

5. 风管的平面图、剖面图

（1）风管平面图上应标注设备、管道定位（中心、外轮廓）线与建筑物定位（轴线、墙边、柱边、柱中）线间的关系，风管送风口、回（排）风口，风量调节阀，测孔等部件和设备的平面位置与建筑物墙面的距离及各部位尺寸。

（2）风管剖面图，应在平面图上选择反映系统全貌的部位垂直剖切后绘制，风管或管道与设备交叉复杂部位，应绘制出风管、水管、设备等尺寸，标高，气、水流方向以及建筑梁、板、柱、墙和地面、吊顶的尺寸。

6. 风管的轴测图：立体直观地表达风管的规格、安装标高、组成部件的规格或型号等，风管的长度可用比例尺测量确定。

7. 风管尺寸标注

（1）规格尺寸：圆形风管以外径ϕ标注，矩形风管的尺寸以$A \times B$表示；单位为mm；不标注壁厚尺寸。

（2）标高：采用相对标高，以首层地面为±0.000计算；矩形风管所注标高应表示管底标高；圆形风管所注标高应表示管中心标高。

8. 常用的图例、代号【如表 3-21~表 3-28 所示（P89~P96）】

巩固练习

1.【判断题】施工总说明与图纸同样有效，是施工安装的依据性文件。（ ）
2.【判断题】通风空调详图是综合性的示意图。（ ）
3.【单选题】空调设备的布置以（　　）用三视图进行绘制。
　A. 机械制图法则　　　　　　　　B. 轴测投影原理
　C. 平行投影方法　　　　　　　　D. 单双线图结构
4.【单选题】通风与空调工程常用的图例代号中表示净化系统的代号是（　　）。
　A. I　　　　　　　　　　　　　B. J
　C. K　　　　　　　　　　　　　D. L
5.【单选题】节点图是对平面图不能表达清楚的某点图形的放大，用（　　）来表示它所在的位置。
　A. 公式　　　　　　　　　　　　B. 代号

C. 大样图 D. 立面图

6.【单选题】风管剖面图应在平面图上选择反映（　　）的部位垂直剖切后绘制。
A. 送风口 B. 风机尺寸
C. 系统全貌 D. 风管大小

7.【单选题】风管的轴测图不能表达（　　）。
A. 风管壁厚 B. 风管安装标高
C. 风管组成部件的规格或型号 D. 风管的规格

8.【单选题】矩形风管所注标高应表示（　　）标高。
A. 管中心 B. 管顶
C. 管转弯 D. 管底

9.【多选题】风管平面图上应标注（　　）。
A. 设备、管道定位（中心、外轮廓）线 B. 风管送风口、回（排）风口平面位置
C. 风量调节阀平面位置 D. 与吊顶的尺寸
E. 测孔的平面位置

【答案】1.√；2.×；3.A；4.B；5.B；6.C；7.A；8.D；9.ABCE

第三节　施工图的绘制与识读

考点 27：施工图绘制与识读●

教材点睛　教材 P96~P98

1. 建筑设备施工图绘制的步骤与方法
（1）各专业的绘图原则详见本章第二节的概述。
（2）正确高效绘制建筑设备施工图的必备条件是建筑施工图已完成。
（3）绘制步骤
1）设备施工图的设计顺序：给水排水工程设计→通风与空调工程、消防工程设计→建筑电气工程设计。
2）各专业通用的绘制步骤：设备平面布置图→线路或管道的原理图或系统图→线路或管道的敷设图→局部的详图→标准图选用→编制设备、材料表→编写施工设计说明。
（4）绘制方法：手工绘制、计算机绘制、三维 BIM 技术绘制。

2. 建筑设备施工图识读的步骤与方法
（1）给水、排水工程施工图的识读方向
1）给水工程施工图：从水源开始，经总管、干管、支管至用水点；先阅读立管后阅读横管。
2）排水工程施工图：从排水点开始，经支管、干管、至总管到集水沉淀井（池）；先阅读立管后阅读横管。

教材点睛 教材P96~P98(续)

（2）建筑电气工程施工图的识读方向

从电源开始经配电设备、馈电线路、控制开关至用电点，按供电方向及控制顺序进行阅读。对施工图而言，识图的顺序是先施工说明，后经系统图、平面图、电路图直至接线图。

（3）通风与空调工程施工图的识读

1) 暖通工程看图程序为：图纸目录及标题栏→设计及施工说明→平面布置图→系统图→剖面图及大样图→设备材料表，进行相互对照阅读才能全面读懂图纸和设计要求。

2) 识读方向

① 通风与空调工程的水系统识读与建筑给水工程相似，但要关注与设备接口的准确性。

② 中央空调的风管系统从风机始经总风管、干管、支管至散流器（出风口），回风系统则逆向而行，按系统完成读图，要注意设备各类风口与建筑物表面的相对连接位置，布置时结合装饰图和吊顶位置要求，做到居中对称布置，达到较好的整体装饰效果。

巩固练习

1. 【判断题】正确高效绘制建筑设备施工图的必备条件是建筑施工图已完成。（　　）
2. 【判断题】通常建筑电气工程图先绘制，给水、排水工程图最后绘制。（　　）
3. 【判断题】给水工程图识读从水源开始，经总管、干管、支管至用水点；先阅读立管后阅读横管。（　　）
4. 【单选题】给水、排水工程施工图的识读内容注意事项不包括（　　）。
A. 对电气施工图上表达的预留孔进行复核
B. 阅图前要熟悉图例和符号的含义
C. 对设备基础尺寸进行复核
D. 设备三视图与平、立、剖图纸标注尺寸校核
5. 【单选题】建筑电气工程施工图的识读按（　　）进行。
A. 馈电线路　　　　　　　　B. 供电方向及控制顺序
C. 控制开关　　　　　　　　D. 配电设备
6. 【单选题】在阅读建筑电气施工图的同时，要阅读相关的（　　），以避免安装失误或影响建筑结构安全。
A. 基坑支护结构图　　　　　B. 建筑施工图和结构施工图
C. 临水临电布置图　　　　　D. 装修施工阶段现场平面布置图
7. 【单选题】装有大型电气设备的建筑物，如变压器室、高低压开关室要核对（　　）的尺寸是否适当。
A. 次要出入口　　　　　　　B. 人防出入口

C. 主出入口 D. 设备运入口

8.【单选题】通风与空调工程施工图的识读内容不包括( )。
A. 设计及施工说明 B. 平面布置图
C. 集水沉淀井 D. 设备材料表

9.【多选题】通风与空调工程施工图的识读注意事项包括( )。
A. 风管是否有断面形状的变异
B. 对风机房的设备安装位置尺寸进行校核
C. 风管的防静电要求
D. 风管及部件和设备的保冷、保温要求
E. 管线交叉密集部位设置共同支架的布置形式

【答案】1.√；2.×；3.√；4.A；5.B；6.B；7.D；8.C；9.ABDE

第四章　工程施工工艺和方法

第一节　建筑给水排水工程

考点 28：给水排水管道安装工程施工工艺★●

> **教材点睛**　教材 P99~P105
>
> 法规依据：《建筑给水排水及采暖工程施工质量验收规范》GB 50242—2002
> **1. 给水排水管道常用的连接方法**
> 给水排水管道常用的连接方法包括螺纹连接、法兰连接、焊接连接、沟槽连接（卡箍连接）、卡套式连接、卡压连接、热熔连接、承插连接【重点掌握各连接方法的适用范围】。
> **2. 给水排水管道施工技术要点**
> **(1) 施工准备及材料管理**
> 1) 给水排水管道工程所使用的主要材料、成品半成品、配件、器具和设备必须具有中文质量证明文件，规格、型号及性能检测报告应符合国家技术标准或设计要求。
> 2) 阀门安装前，应按规范要求进行<u>强度和严密性试验</u>，试验抽样应做到"三同"（同牌号、同型号、同规格）。
> **(2) 管道测绘放线**：管道施工前，应根据施工图纸进行现场实地测量放线，防止因累计误差而出现超标。
> **(3) 配合土建工程预留、预埋**
> 1) 施工前应校核土建图纸与安装图纸的一致性，并及时配合土建施工进度完成预留预埋工作。
> 2) 管道穿楼板处应设置金属或塑料套管。套管顶部高出装饰地面 20mm，卫生间及厨房内的套管顶部应高出装饰地面 50mm；所有部位套管底部应与楼板底面相平。
> 3) 管道穿墙处应设置金属或塑料套管，套管两端应与饰面相平。地下室或地下构筑物外墙应采用防水套管。
> **(4) 管道支架制作安装**
> 1) 支吊架的构造形式有：固定支架、导向支架、滑动支架、弹簧吊架、抗震支架等。支架安装孔严禁采用电焊或气焊开孔。
> 2) 管道支架设置前应进行现场测绘与放线，优先采用共用综合支架，确保管道及各专业管线在支架上布局合理，管线的中心线、标高等符合设计文件的要求。
> 3) 管道支架安装时，应与管道接触紧密，间距合理，固定牢固，滑动方向或热膨胀方向应符合规范要求。
> 4) 塑料管道采用金属管道支架时，应在管道与支架间加衬非金属垫或套管。

> **教材点睛** 教材 P99~P105(续)

5)沟槽式连接的钢管在水平管接头(刚性接头、挠性接头、支管接头)两侧应设置管道支架,与接头的净间距不宜小于150mm,且不宜大于300mm。

6)金属排水管道上的吊钩或卡箍应固定在承重结构上。

(5) 管道加工预制:根据设计图纸画出管道分路、管径、变径、预留管口、阀门位置等施工草图,通过现场测绘放线确定准确尺寸,按照先安装先预制的原则进行预制加工,预制加工同时进行底漆涂刷工作。

(6) 管道安装

1)基本要求

① 应按先主管后支管、先上部后下部、先里后外、先安钢质管道后安塑料管道的原则进行安装。

② 埋地管道、吊顶内的管道等在安装结束隐蔽之前,应进行隐蔽工程验收,并做好记录。

③ 管道安装不应穿过防震缝。必须穿越则应在防震缝两边各装一个柔性管接头、门形弯头或设置伸缩节。

2)给水管道安装

① 冷热水管道:上下平行安装时,热水管道在上,冷水管道在下;垂直安装时,热水管道在左,冷水管道在右。

② 热水供应管道安装:应尽量利用自然弯补偿热伸缩,直线段过长则应设置补偿器。

③ 供暖管道安装:坡度方向应利于管道的排气和泄水。水平管道上的方形补偿器,采用水平方式时其坡度应与管道坡度一致;采用垂直方式时则应设排气及泄水装置。

④ 中水给水管道安装:不得装设取水水嘴,严禁与生活饮用水管道连接,并涂浅绿色标志;管线不宜暗装于墙体和楼板内;与生活饮用水管道、排水管道平行敷设时,水平净距离不小于0.5mm;交叉敷设时,中水管道应在生活饮用水管道的下面,排水管道的上面,其净距离不小于0.15m;中水高位水箱与生活高位水箱应分别设置于不同房间,如同一房间设置时,两者间的净距离应大于2m。

⑤ 室外供热管道的供水管和蒸汽管,应敷设在载热介质前进方向的右侧或上方;架空敷设的供热管道安装高度,人行地区不小于2.5m,通行车辆地区不小于4.5m,跨越铁路距轨顶不小于6m。

3)排水管道安装

① 排水通气管不得与风道或烟道连接。不上人屋面通气管应高出屋面≥300mm,通气管出口4m范围以内有门、窗时,应高出门、窗顶600mm或引向无门窗一侧;上人屋面通气管应高出屋面2m,并应设置防雷装置。

② 排水塑料管必须装设伸缩节,伸缩节间距不大于4m。高层建筑中明设排水管道时应设置阻火圈或防火套管。

③ 排水管道安装严禁无坡或倒坡。明敷管道穿越防火区域时应当采取防止火灾贯穿的措施。

> **教材点睛** 教材 P99～P105(续)

④ 未经消毒处理的医院含菌污水管道，不得与其他排水管道直接连接。

⑤ 饮食业工艺设备引出的排水管及饮用水水箱的溢流管，不得与污水管道直接连接。

⑥ 雨水管道不得与生活污水管道相连接；雨水斗连接管应固定在屋面承重结构上。

⑦ 室外混凝土埋地排水管道一般沿道路平行于建筑物铺设；埋设深度应低于冰冻线；在管道方向、管径、坡度及高程变化处，应设置污水检查井。混凝土管和管件的承口（双承口的管件除外），应与管道内的水流方向相反；承插或套箍接口应采用水泥砂浆或沥青胶泥填塞。

(7) 阀门安装

1) 基本要求

① 阀门安装时应保持关闭状态，并注意阀门的特性及介质流向。

② 水平管道上的阀门阀杆宜垂直、水平或向左右偏45°安装，不宜向下安装；垂直管道上阀门阀杆，必须顺着操作巡回线方向安装。

③ 阀门与管道连接时，不得强行拧紧法兰上的连接螺栓；对螺纹连接的阀门，其螺纹应完好无缺。

2) 各类阀门安装要求

① 螺纹阀门安装：一般应在阀门的出口处加设一个活接头。

② 具有操作机构和传动装置的阀门：先清洗后安装阀门，再安装操作机构和传动装置，调整灵活，指示准确。

③ 截止阀：安装时必须注意流体的流动方向，使管道中流体由下向上流经阀盘。

④ 闸阀：吊装时绳索应拴在法兰上，切勿拴在手轮或阀件上；明杆阀门不能装在地下，以防阀杆锈蚀。

⑤ 止回阀：有严格的方向性，安装时应注意阀体所标的介质流动方向；升降式止回阀应水平安装；摇板式止回阀安装要保证摇板的旋转枢轴呈水平。

⑥ 安全阀：安装时要检查其垂直度，当发现倾斜时，应校正；在管道投入试运行时，应及时进行调校；安全阀调整后，在工作压力下不得有泄漏。

3. 管道系统试验包括：承压管道系统压力试验，非承压管道灌水试验，排水干管通球、通水试验等。

4. 管道系统冲洗与消毒

1) 管道冲洗：进水口及排水口应选择适当位置，泄放排水管的截面积不应小于被冲洗管道截面的60%，管子应接至排水井或排水沟内。以系统内可能达到的最大压力和流量进行冲洗，且流速不小于1.5m/s，直到出口处的水色和透明度与入口处目测一致为合格。

2) 生产给水管道在交付使用前必须冲洗和消毒，并经有关部门取样检验，符合现行《生活饮用水卫生标准》GB 5749—2022要求为合格。

5. 供暖系统试运行：系统试验合格后，先进行系统冲洗，清扫过滤器及除污器，直至排出水不含泥沙、铁屑等杂质，且以水色不浑浊为合格；再充水、加热，进行试运行和调试，观察管线无渗漏、测量室温满足设计要求为合格。

> 巩固练习

1. 【判断题】管径小于或等于100mm的镀锌钢管宜用螺纹连接。（ ）
2. 【判断题】管道支架设置前应进行现场测绘与放线，优先采用共用综合支架。（ ）
3. 【判断题】承压管道系统必须进行灌水试验、干管通球试验和通水试验。（ ）
4. 【单选题】对有严格防水要求的建筑物，地下室或地下构筑物外墙有管道穿过的必须采用（ ）套管。
   A. 刚性防水　　　　　　　　　　B. 柔性防水
   C. 焊接钢管　　　　　　　　　　D. 无缝钢管
5. 【单选题】楼层高度小于或等于5m，室内给水金属立管管道支架每层必须设置不少于（ ）。
   A. 1个　　　　　　　　　　　　B. 2个
   C. 3个　　　　　　　　　　　　D. 4个
6. 【单选题】冷热水管道安装时，热水管道应在冷水管道（ ）。
   A. 下方　　　　　　　　　　　　B. 上方
   C. 前方　　　　　　　　　　　　D. 后方
7. 【单选题】汽、水同向流动的热水供暖管道和汽、水同向流动的蒸汽管道及凝结水管道，坡度不得小于（ ）。
   A. 2‰　　　　　　　　　　　　B. 3‰
   C. 4‰　　　　　　　　　　　　D. 5‰
8. 【单选题】中水供水管道严禁与生活饮用水管道连接，并应涂有（ ）标志。
   A. 浅黄色　　　　　　　　　　　B. 浅绿色
   C. 浅红色　　　　　　　　　　　D. 浅蓝色
9. 【单选题】排水塑料管必须按设计要求及位置装设伸缩节，如设计无要求时，伸缩节间距不得大于（ ）m。
   A. 5　　　　　　　　　　　　　B. 3
   C. 6　　　　　　　　　　　　　D. 4
10. 【单选题】当给水管道必须穿越防震缝时，做法错误的是（ ）。
    A. 在防震缝处设置伸缩节　　　　B. 宜靠近建筑物的上部穿越
    C. 在通过防震缝处安装门形弯头　D. 在防震缝两边各装一个柔性管接头
11. 【多选题】阀门安装前，应按规范要求进行强度和严密性试验，试验应在每批（ ）数量中抽查10%，且不少于一个。
    A. 同型号　　　　　　　　　　　B. 同规格
    C. 同生产日期　　　　　　　　　D. 同牌号
    E. 同进场日期
12. 【多选题】管道一般应按（ ）的原则进行安装。
    A. 先小后大　　　　　　　　　　B. 先上部后下部
    C. 先安装钢质管道，后安装塑料管道　D. 先里后外

E. 先主管后支管

13.【多选题】排水管道在( )处应设置污水检查井，以便定期检修和疏通。
A. 方向变化
B. 管径变化
C. 地表变化
D. 坡度及高程变化
E. 直线管段上每隔 30～50m

【答案】1.√；2.√；3.×；4.B；5.A；6.B；7.A；8.B；9.D；10.B；11.ABD；12.BCDE；13.ABDE

考点29：供热、给水排水设备及卫生器具安装工程施工工艺 ★●

> **教材点睛** 教材 P105～P109
>
> 法规依据：《建筑给水排水及采暖工程施工质量验收规范》GB 50242—2002
> 《建筑与市政工程无障碍通用规范》GB 55019—2021
>
> **1. 设备安装施工技术要点**
> **(1) 施工准备与材料设备管理**
> 1）安装工程所使用的主要材料、成品半成品、配件、器具和设备进场验收合格，并经监理工程师核查确认。
> 2）散热器进场时，应对其单位散热量、金属热强度等性能进行复验。
> **(2) 供热锅炉及辅助设备安装**
> 1）安装条件：基础混凝土强度、基础的坐标、标高、几何尺寸和螺栓孔位置符合设计及规范要求；分汽缸（分水器、集水器）安装前进行水压试验；敞口箱、罐安装前做满水试验；地下直埋油罐在埋地前做气密性试验。
> 2）安装要求
> ① 非承压锅炉锅筒顶部必须敞口或装设大气连通管，连通管上不得安装阀门。
> ② 天然气锅炉的天然气释放管或大气排放管不得直接通向大气，应通向贮存或处理装置。
> ③ 锅炉的炉筒和水冷壁的下集箱及后棚管的后集箱的最低处排污阀及排污管道不得采用螺纹连接。
> 3）设备试验检验
> ① 锅炉的汽、水系统安装完毕后，必须进行水压试验。
> ② 机械炉排安装完毕后应做冷态运转试验，连续运转时间不应少于8h。
> ③ 风机试运转应符合的规定：滑动轴承温度最高不大于60℃，滚动轴承温度最高不大于0℃；轴承径向单振幅，当风机转速小于1000r/min 时，不大于0.10mm；当风机转速为1000～1450r/min 时，不大于0.08mm。
> ④ 连接锅炉及辅助设备的工艺管道安装完毕后，必须进行系统的水压试验。
> ⑤ 锅炉在烘炉、煮炉合格后，应进行48h 的带负荷连续试运行，同时应进行安全阀的定压检验和调整。

> **教材点睛** 教材 P105～P109（续）

(3) 增压设备（水泵）安装

1) 水泵的种类有：离心泵、轴流泵、混流泵、活塞泵、真空泵等。

2) 水泵主要工作参数包括：流量、扬程、转速、功率、效率、汽蚀余量等。

3) 水泵安装：检查基础混凝土强度、坐标、标高、尺寸和螺栓孔位置是否符合设计规定；立式水泵的减震装置不应采用弹簧减振器；安装完毕后应进行试运转，时间一般不少于2h，轴承温升应符合水泵说明书的规定。

4) 水泵配管安装：在二次灌浆混凝土强度达到75%以后进行；管道与泵体不得强行组合连接，其重量不能附加在泵体上；水泵吸水管变径应采用偏心大小头，顶平安装；吸水管的安装应具有沿水流方向连续上升的坡度接至水泵入口，坡度应不小于5‰；吸水管靠近水泵进水口处，应有一段不小于3倍管道直径的直管段，避免直接安装弯头；吸水管应设有支撑且管段要短，弯头要少，以减少管路的压力损失；水泵底阀距池底距离，一般不小于底阀或吸水喇叭口的外径，且不小于500mm；水泵出水管安装止回阀和阀门，止回阀安装于靠近水泵一侧。

(4) 水箱安装

1) 生活饮用水池（箱）、水塔的设置应防止污废水、雨水等非饮用水渗入和污染，应采取保证储水不变质、不冻结的措施。

2) 现场制作的水箱，必须进行盛水试验或煤油渗透试验。

3) 水箱满水试验和水压试验

①满水试验：敞口水箱安装前应做满水试验，即水箱满水后静置观察24h，以不渗不漏为合格。

②水压试验：密闭水箱在安装后应进行水压试验，一般为管路系统工作压力的1.5倍。水箱在试验压力下保持10min，以压力不下降，不渗不漏则为合格。

2. 卫生器具施工技术要点

(1) 卫生器具施工条件：卫生器具必须有完整的安装使用说明书，进场验收合格；蹲式大便器基础台阶砌筑完成；与卫生洁具连接的管道压力、闭水试验，隐蔽验收完毕；卫生间墙地面装饰层施工完毕；施工的房间门锁安装完毕。

(2) 卫生器具安装规定：①宜采用预埋螺栓或用膨胀螺栓安装固定，且螺栓、螺母、垫圈均应使用镀锌件。②给水配件安装高度应符合设计及规范要求。③支、托架必须防腐良好，安装平整牢固；卫生器具的陶瓷件与支架接触处应加软垫。④排水栓和地漏的安装应平正、牢固，低于排水表面，周边无渗漏。地漏水封高度不小于50mm。⑤有装饰面的浴盆，应在排水口处留置检修门；小便槽冲洗孔应斜向下方安装，冲洗水流同墙面成45°角。⑥卫生器具交工前应做满水和通水试验。

> **巩固练习**

1.【判断题】给排水设备及卫生器具安装工程选用的设备、器具和产品应为节水和节能型。　　　　　　　　　　　　　　　　　　　　　　　　　　　　（　　）

2. 【判断题】机械炉排安装完毕后应做冷态运转试验,连续运转时间不应少于24h。
（　　）

3. 【单选题】散热器进场时,应对其复验的项目是(　　)。
A. 严密性　　　　　　　　　　　　B. 单位散热量、金属热强度
C. 气密性　　　　　　　　　　　　D. 水压试验

4. 【单选题】天然气锅炉的天然气释放管不得直接通向大气,应通向(　　)装置。
A. 锅炉　　　　　　　　　　　　　B. 贮存或处理
C. 水冷壁　　　　　　　　　　　　D. 汽包

5. 【单选题】地下直埋油罐在埋地前应做气密性试验,试验压力不应小于(　　)MPa。
A. 0.3　　　　　　　　　　　　　B. 0.05
C. 0.5　　　　　　　　　　　　　D. 0.03

6. 【单选题】非承压锅炉锅筒顶部必须敞口或装设大气连通管,连通管上不得安装(　　)。
A. 弯头　　　　　　　　　　　　　B. 阀门
C. 雨罩　　　　　　　　　　　　　D. 避雷装置

7. 【单选题】密闭水箱在安装后应进行水压试验,一般为管路系统工作压力的(　　)倍。
A. 1.25　　　　　　　　　　　　　B. 2.5
C. 1.5　　　　　　　　　　　　　D. 2.0

8. 【多选题】卫生器具安装做法正确的是(　　)。
A. 卫生器具交工前应做满水和通水试验
B. 安装固定用螺栓、螺母、垫圈均应为镀锌件
C. 地漏水封高度不大于50mm
D. 陶瓷件与支架接触处应加软垫
E. 地漏低于排水表面

9. 【多选题】水泵主要工作参数包括(　　)等。
A. 流速　　　　　　　　　　　　　B. 流量
C. 功率　　　　　　　　　　　　　D. 扬程
E. 转速

【答案】1.√；2.×；3. B；4. B；5. D；6. B；7. C；8. ABDE；9. BCDE

考点30：消火栓系统和自动喷水灭火系统安装工程施工工艺★●

教材点睛　教材 P109～P116

法规依据:《自动喷水灭火系统施工及验收规范》GB 50261—2017

1. 消火栓系统和自动喷水灭火系统组成

(1) 室内消火栓系统:由消火栓箱、消防水枪、消防水带、消火栓阀及连接管道等组成。

> **教材点睛** 教材 P109~P116(续)

(2) 室外消火栓系统：由室外消防给水管网、消防水池、消防水泵、水泵接合器和室外消火栓等组成。

(3) 湿式自动喷淋灭火系统：由闭式洒水喷头、水流指示器、湿式报警阀组以及管道和供水设施等组成。

2. 消火栓系统施工技术要点

(1) 施工准备与材料设备管理：消火栓系统和自动喷水灭火系统施工前应对采用的主要设备、系统组件、管材管件及其他设备、材料进行现场检查验收，合格后方可使用。

(2) 室内消火栓系统安装

1) 消火栓箱的安装规定

① 消火栓启、闭阀门设置位置应便于操作使用，阀门中心距箱侧面 140mm，距箱后内表面 100mm。

② 消火栓箱：有明装、半明装和暗装三种形式，暗装不应破坏隔墙的耐火性能；消火箱门的开启不小于 120°。

③ 安装消火栓水龙带，水龙带与水枪和快速接头绑扎好后，放入消火栓箱。

④ 双向开门消火栓箱应至少满足 1h 耐火极限的要求，并采用红色字体注明"消火栓"字样。

2) 消火栓试射试验：消火栓系统达到工作压力，选系统屋顶或水箱间试验消火栓及首层 2 处消火栓做试射试验，通过水泵结合器及消防水泵加压，屋面试验消火栓的流量和充实水柱应符合要求。

(3) 室外消火栓管道安装

1) 室外消火栓的消防给水管道直径应根据流量、流速和压力要求经计算确定，但不小于 $DN100$mm；

2) 建筑室外消火栓的数量应根据室外消火栓设计流量和保护半径经计算确定，保护半径不应大于 150m；

3) 消防水泵接合器和消火栓的位置标志应明显，栓口的位置应方便操作，应安装在便于消防车接近的人行道或非机动车行驶地段，距室外消火栓或消防水池的距离宜为 15~40m。

3. 自动喷淋灭火系统安装施工技术要点

(1) 湿式自动喷水灭火系统管网安装：与室内消火栓系统基本相同，管线连接应采用螺纹、沟槽、法兰连接。

(2) 湿式自动喷水灭火系统试压和冲洗

1) 水压强度试验：测试点应在系统管网的最低点；对管网注水时，应将管网内的空气排净。

2) 水压严密性试验：应在水压强度试验和管网冲洗合格后进行。

3) 系统冲洗：冲洗前应对系统的仪表采取保护措施，止回阀和报警阀等应拆除，并对管道支、吊架进行检查，必要时采取加固措施；宜用生活清水进行冲洗；管网冲洗

> **教材点睛** 教材 P109~P116（续）

的排水管道应与排水系统可靠连接，其排放应畅通安全。排水管道截面不得小于被冲洗管道截面的 60%。冲洗的水流流速、流量不小于系统设计的水流流速、流量；管网冲洗宜分区、分段进行；水平管网冲洗时其排水管位置应低于配水支管，水流方向应与灭火时管网的水流方向一致。

（3）**喷头安装**：应在系统试压、冲洗合格后进行；与喷头的连接管件只能用大小头，不得用补芯，不得对喷头进行拆装、改动和附加任何装饰性涂层。吊顶上的喷头须在顶棚安装前安装，并做好隐蔽记录。

（4）**报警阀组安装**：报警阀应逐个进行渗漏试验。试验压力为额定工作压力的 2 倍，保压时间为 5min，阀瓣处应无渗漏；报警阀组的安装应在供水管网压力试验、冲洗合格后进行。报警阀组的顺序为先装水源控制阀、报警阀，然后再进行报警阀辅助管道的连接，阀组的连接应与水流方向一致。

（5）**减压阀安装**：应在管网试压、冲洗合格后进行；减压阀水流方向应与供水管网水流方向一致。应在其进水侧安装过滤器，并宜在其前后安装控制阀，以便于维修和更换。

（6）**其他组件**：主要包括水流指示器、信号阀、排气阀、控制阀、节流装置、压力开关、末端试水装置和试水阀等。其他组件安装均应在管道试压和冲洗合格后进行。

（7）**湿式报警阀的调试**：当湿式报警阀进口水压力大于 0.14MPa、放水流量大于 1L/s 时，报警阀应及时启动；带延迟器的水力警铃应在 15~19s 内发出报警铃声，不带延迟器的水力警铃应在 15s 内发出报警铃声；压力开关应及时动作，并反馈信号。

（8）**气压给水设备**：作用相当于水塔或高位水箱，用以调节、贮存水量和保持系统所需的压力。

（9）**湿式系统的联动试验**：启动 1 只喷头或以 0.94~1.5L/s 的流量从末端试水装置处放水时，水流指示器、报警阀、压力开关、水力警铃和消防水泵等应及时动作，并发出相应的信号。

巩固练习

1.【判断题】室内消火栓系统由消火栓箱、消防水枪、消防水带、消火栓阀及连接管道等组成。（　　）

2.【判断题】湿式自动喷水灭火系统水压严密性试验应在水压强度试验和管网冲洗合格后进行。（　　）

3.【单选题】室外消火栓系统组成不包括（　　）。
A. 消防水池　　　　　　　　B. 水泵接合器
C. 湿式报警阀组　　　　　　D. 室外消火栓

4.【单选题】消火栓箱安装形式不包括（　　）。
A. 卧装　　　　　　　　　　B. 明装
C. 半明装　　　　　　　　　D. 暗装

5.【单选题】双向开门消火栓箱应至少满足( )h耐火极限的要求。
A. 2　　　　　　　　　　　　B. 1
C. 3　　　　　　　　　　　　D. 4

6.【单选题】室外消火栓的消防给水管道直径计算与( )参数无关。
A. 压力　　　　　　　　　　B. 流量
C. 流速　　　　　　　　　　D. 温度

7.【单选题】湿式自动喷水灭火系统冲洗前应对系统的仪表采取保护措施,( )等应拆除。
A. 洒水喷头　　　　　　　　B. 止回阀和报警阀
C. 闸阀　　　　　　　　　　D. 管道支架

8.【单选题】当湿式报警阀进口水压力大于( )MPa时,报警阀应及时启动。
A. 1.4　　　　　　　　　　　B. 1.2
C. 1.0　　　　　　　　　　　D. 0.14

9.【多选题】消火栓试射应选系统( )处的消火栓做试验。
A. 中间层　　　　　　　　　B. 屋顶
C. 地下室　　　　　　　　　D. 二层
E. 首层

【答案】1.√；2.√；3.C；4.A；5.B；6.D；7.B；8.D；9.BE

考点31：管道设备的防腐与保温工程施工工艺★●

> **教材点睛** 教材 P116～P119
>
> **1. 防腐与保温概念**
> （1）防腐
> 1）防腐蚀工程的目的：避免设备和管道的腐蚀损失，减少使用昂贵的合金钢，以杜绝生产中的跑冒滴漏、保证设备连续运转及安全生产。
> 2）防腐蚀结构形式
> ①管道设备的防腐蚀结构：分为单层结构和复层结构（包括底漆、中间漆、面漆）。
> ②埋地管道的防腐等级：分为普通级、加强级、特加强级三个等级。
> （2）保温（绝热）
> 1）绝热工程类型：分为保冷和保温两类。
> 2）绝热材料选用
> ①保冷的绝热材料：在平均温度小于等于300K（27℃）时，导热系数值不得大于0.064W/(m·K)。
> ②保温的绝热材料：在平均温度小于等于623K（350℃）时，导热系数值不得大于0.12W/(m·K)。

> **教材点睛** 教材 P116~P119(续)

2. 管道设备的防腐与保温施工技术要点

(1) 施工准备与材料设备管理

1) 所有施工用材料均须具有产品质量证明文件、质量检验报告和出厂合格证书，材料的材质、规格和技术性能均应符合设计文件及相关规范的技术标准。

2) 需要抽样检测、试验的材料有：绝热材料及其制品，超过保管期限的绝热层、防潮层、保护层材料及其制品等。

(2) 表面处理

1) 管道设备防腐施工表面须进行除锈处理。除锈方法有动力工具和手工除锈、喷射或抛射除锈、火焰处理除锈、化学处理除锈等方法。

2) 动力工具和手工除锈以字母"St"表示，分成两个等级：St_2（彻底除锈）、St_3（非常彻底除锈）。

3) 喷射或抛射除锈，用 Sa 表示，分为四个等级：Sa_1级（轻度除锈）、Sa_2级（彻底除锈）、$Sa_{2.5}$级（非常彻底除锈）、Sa_3级（至出现金属色泽）。

(3) 防腐施工技术要点

1) 施工前置条件：焊接施工完成（包括焊缝热处理、无损检测合格），系统试验合格并办理相关手续。

2) 施工条件：金属表面处理完成后，4h 内进行防腐层施工。环境湿度的露点温度达到 3℃时方可进行施工。

3) 复层结构的各层漆料应适配，多层涂漆要在前一道漆膜实干后，方可涂下一道漆。

4) 埋地管道在工厂预制防护层时，在管端应留一段约 150mm 的空白段，以便现场施工连接。

5) 防腐施工结束后应做好成品保护工作。

(4) 绝热工程施工技术要点

1) 设备、管道保冷层的质量控制

① 保冷层厚度大于 80mm 时，应分层施工，同层要错缝、异层要压缝，保冷层的拼缝不大于 2mm。

② 采用现场发泡保冷的应先做试验，待掌握了配合比和搅拌时间等技术参数后，方可正式施工。

③ 设备支承件的保冷层应加厚，保冷层伸缩缝外面应附加一层保冷层。

④ 管卡、管托处的保冷：支承块用致密的刚性聚氨酯泡沫塑料块或硬质木块，硬质木块应浸渍沥青防腐。

⑤ 直埋管道的保温应符合设计要求，接口在现场发泡时，其厚度应与管道保温层厚度一致，符合防潮防水要求。

2) 设备、管道保温层的质量控制

① 保温层施工不得覆盖设备铭牌。管道上的阀门、法兰等处保温层要做成可拆卸式结构。

> **教材点睛** 教材 P116~P119（续）
>
> ② 保温层厚度大于80mm时，应分层施工，同层要错缝、异层要压缝，保温层的拼缝不大于5mm。
> ③ 水平管道的纵向接缝位置，不得布置在管道截面垂直中心线下部45°范围内。接缝要用同样材料的胶泥勾缝。每节管壳的绑扎不应少于2道。
> 3）防潮层的质量控制
> ① 保冷层表面应干净，保持干燥，并平整均匀，无凸角和凹坑现象。
> ② 沥青玻璃布防潮分三层：上下层为石油沥青胶层，厚度为各3mm，中间层为中碱粗格平纹玻璃布，厚度为0.1~0.2mm。玻璃布随沥青边涂边贴，其环向、纵向搭接不小于50mm，搭接处应粘贴紧密。
> ③ 立式设备或垂直管道的玻璃布环向接缝应上搭下，卧式设备或水平管道纵向接缝应在管道两侧，缝朝下。
> 4）保护壳的质量控制：保护壳宜用镀锌铁皮、铝皮、不锈钢薄板、彩钢薄板等金属材料制成；设备直径大于1m时，宜采用波形板，1m以下的采用平板；水平管道金属保护层环向接缝应沿管道坡向，搭向低处，纵向焊缝宜布置在水平中心线下方15°~45°处，缝口朝下。

巩固练习

1. 【判断题】管道设备的防腐蚀结构分为单层结构和复层结构。　　　　　　　　（　　）
2. 【单选题】埋地管道的防腐等级不包括(　　)。
 A. 甲级　　　　　　　　　　　　　　B. 特加强级
 C. 加强级　　　　　　　　　　　　　D. 普通级
3. 【单选题】保冷的绝热材料在平均温度小于等于300K（27℃）时，导热系数值不得大于(　　)W/(m·K)。
 A. 6.4　　　　　　　　　　　　　　B. 1.64
 C. 3.6　　　　　　　　　　　　　　D. 0.064
4. 【单选题】喷射或抛射除锈，用Sa表示，其等级不包括(　　)。
 A. Sa_3级　　　　　　　　　　　　B. Sa_2级
 C. $Sa_{1.5}$级　　　　　　　　　　　D. Sa_1级
5. 【单选题】金属表面处理完成后(　　)h内应进行防腐层施工。
 A. 24　　　　　　　　　　　　　　B. 4
 C. 12　　　　　　　　　　　　　　D. 8
6. 【单选题】设备、管道保冷层厚度(　　)mm时，应分层施工。
 A. >80　　　　　　　　　　　　　B. >100
 C. >200　　　　　　　　　　　　D. >50
7. 【单选题】水平管道金属保护层纵向焊缝宜布置在水平中心线(　　)处。
 A. 上方15°~45°　　　　　　　　　B. 上方30°~45°

C. 下方15°~45°   D. 下方30°~45°

8.【多选题】管道设备防腐施工表面须进行除锈处理，除锈方法有（　　）。
A. 火焰处理除锈   B. 动力工具和手工除锈
C. 覆盖除锈   D. 喷射或抛射除锈
E. 化学处理除锈

【答案】1.√；2.A；3.D；4.C；5.B；6.A；7.C；8.ABDE

第二节　建筑通风与空调工程

考点32：通风与空调工程风管系统施工工艺★●

教材点睛　教材P120～P130

法规依据：《通风与空调工程施工质量验收规范》GB 50243—2016

1. 金属风管制作

（1）金属风管预制程序【图4-4，P120】

（2）金属风管的连接：包括板材间的咬口连接、焊接；法兰与风管的铆接；法兰加固圈与风管的连接。镀锌板及含有各类复合保护层的钢板，应采用咬口连接或铆接，不得采用焊接连接。

（3）矩形风管无法兰连接，可采用全机械化或半机械化生产模式加工接口。连接方式见表4-10。【P124】

2. 非金属与复合材料风管

（1）非金属风管：主要有有机玻璃钢风管、无机玻璃钢风管、硬聚氯乙烯风管三类。

（2）复合材料风管：主要有酚醛、聚氨酯铝箔复合风管、玻璃纤维复合风管、机制玻镁复合风管、彩钢板复合材料风管等四类。

3. 风管部件制作：风管部件包括风阀、消声器、风口、罩类部件、风帽、柔性短管等。其中罩类部件、风帽、柔性短管为现场制作。

4. 风管支、吊架的制作

（1）选材：悬臂、吊架的横担用角钢或槽钢制作；斜撑用角钢制作；吊杆用圆钢制作；抱箍用扁铁制作。

（2）支吊架的下料宜采用机械加工；不得采用电气焊形式开孔；抱箍的圆弧应与风管圆弧一致；支架的焊缝必须饱满，保证具有足够的承载能力。加工完成后须进行防锈处理。

（3）不锈钢、铝板风管与碳钢支架接触处，应采用隔绝处理防止产生电化学腐蚀。

5. 风管安装

（1）风管安装必须符合的规定【P126】

（2）金属风管安装主要控制要求

1）风管就位连接

> **教材点睛** 教材 P119~P130(续)

① 一次吊装风管的长度要根据建筑物的条件,风管的重量,吊装方法和吊装机具配备情况确定。

② 风管安装前,应做好清洁和保护工作;安装位置、标高、走向应符合设计要求。

③ 风管的连接应平直、不扭曲。

④ 除尘系统的风管,宜垂直或倾斜敷设,风管与水平夹角宜大于或等于45°,当条件限制时可采用小坡度管和水平管;对含有凝结水或其他液体的风管,坡度应符合设计要求,并应在最低处设排液装置。

⑤ 风管与砖、混凝土风道的连接口,应顺气流方向插入,并采取密封措施;风管穿屋面应设防雨装置。

⑥ 无法兰连接方法有:承插式风管连接、抱箍式连接、插接式连接、插条式连接、软管式连接。

2) 部件安装

① 安装前检查消声器,覆面材料应完整无损,吸声材料无外露;消声器安装的方向保证正确,且不得损坏和受潮;消声器单独设支架。

② 各类风管部件及操作机构的安装应保证其正常的使用功能,并便于操作。

3) 支、吊架安装

① 水平悬吊的主、干管风管长度超过20m的系统,应设置不少于1个防止风管摆动的固定支架。边长大于或等于630mm的矩形风管必须固定在支架上。边长(直径)大于1250mm的弯头、三通等部位应设置单独支、吊架。

② 对于有坡度的风管,托架的标高也应按风管的坡度要求安装。

③ 支、吊架的预埋件或膨胀螺栓埋入部分不得刷油漆,并应除去油污。

④ 支、吊架不宜设置在风口、阀门、检查门及自控机构处,离风口或分支管的距离不宜小于200mm。

⑤ 保温风管不能直接与支、吊托架接触,应垫上坚固的隔热材料,其厚度与保温层相同,防止产生"冷桥"。

⑥ 矩形风管立面与吊杆的间隙不宜大于50mm;吊杆距风管末端不应大于600mm。

(3) 非金属与复合材料风管安装要求

1) 通用要求

① 非金属与复合材料风管的材料品种、规格、性能与厚度等应符合相关产品技术标准和设计要求,覆面材料必须采用不燃材料,内层绝热材料应为不燃或难燃且对人体无害的材料。复合板材内外覆面层粘贴应牢固,表面平整、无破损,内部绝热材料不得外露。

② 非金属与复合材料风管安装前,风管及附件和部件应无破损、开裂、变形、划痕等外观质量缺陷。风管接口的连接方式应合理,不得缩小其有效截面,风管的通用安装要求参照金属风管。

③ 风管接口使用胶粘剂或密封胶带前,应将风管粘接处清洁干净,拼接粘接后,要待胶粘剂干燥固化后再移动、叠放或安装。

> **教材点睛** 教材 P119~P130(续)
>
> ④ 非金属与复合材料风管系统支、吊架的形式、规格、间距应按设计和规范要求选用，支管的重量不得由干管承受，风管直径大于 2000mm 或边长大于 2500mm 的风管支、吊架的安装应按设计要求执行。
>
> 2）各类非金属风管和复合风管的安装要求【见 P128~P130】
>
> **6. 风管强度及严密性测试**
>
> （1）风管强度试验：应使微压和低压风管保持 1.5 倍的工作压力，中压风管保持 1.2 倍的工作压力，且不低于 750Pa；高压风管在 1.2 倍的工作压力下，保持 5min 及以上，以接缝处无开裂，整体结构无永久性变形及损伤为合格。
>
> （2）风管的严密性测试：包括观感质量检验与漏风量检测。微压风管在外观和制造工艺检验合格的基础上，可不进行漏风量的测试。

巩固练习

1. 【判断题】镀锌板及含有各类复合保护层的钢板，应采用焊接连接。（ ）
2. 【判断题】边长大于或等于 630mm 的矩形风管必须固定在支架上。（ ）
3. 【判断题】微压风管在外观和制造工艺检验合格的基础上，可不进行漏风量的测试。（ ）
4. 【单选题】不属于非金属风管的是(　　)。
   A. 无机玻璃钢风管　　　　　　　B. 有机玻璃钢风管
   C. 彩钢板复合材料风管　　　　　D. 硬聚氯乙烯风管
5. 【单选题】可以在现场制作的风管部件是(　　)。
   A. 风阀　　　　　　　　　　　　B. 消声器
   C. 风口　　　　　　　　　　　　D. 罩类部件
6. 【单选题】下列关于法兰连接说法错误的是(　　)。
   A. 抱箍式主要用于钢板圆风管和螺旋风管连接
   B. 软管式主要用于风管与部件相连
   C. 插条式主要用于圆形风管连接
   D. 插接式主要用于矩形或圆形风管连接
7. 【单选题】水平悬吊的主风管长度超过(　　)m，应设置不少于 1 个防止风管摆动的固定支架。
   A. 10　　　　　　　　　　　　　B. 20
   C. 15　　　　　　　　　　　　　D. 8
8. 【单选题】吊杆距风管末端不应大于(　　)mm。
   A. 500　　　　　　　　　　　　B. 1000
   C. 600　　　　　　　　　　　　D. 1200
9. 【单选题】下列关于非金属与复合材料风管安装做法错误的是(　　)。
   A. 覆面材料必须采用不燃材料

B. 安装前检查应无破损、开裂、变形、划痕质量缺陷
C. 要待胶粘剂干燥固化后再移动、叠放或安装
D. 支管的重量可由干管承受

10. 【多选题】支、吊架不宜设置在( )处。
A. 阀门 B. 风口
C. 检查门 D. 自控机构
E. 距离分支管大于200mm

11. 【多选题】下列关于风管强度试验的做法正确的是( )。
A. 使中压和低压风管保持1.5倍的工作压力
B. 使微压和低压风管保持1.5倍的工作压力
C. 高压风管在1.2倍的工作压力下,保持5min及以上
D. 中压风管保持1.2倍的工作压力,且不低于750Pa
E. 高压风管在1.2倍的工作压力下,保持10min及以上

【答案】1.×;2.√;3.√;4.C;5.D;6.C;7.B;8.C;9.D;10.ABCD;11.BCD

考点33:净化空调系统施工工艺●

教材点睛 教材P130~P131

1. 风管及部件制作

(1) 区别于普通风管的特殊要求

1) 风管加工前应用清洗液去除板材表面油污及灰尘,清洗液应采用中性清洁剂。

2) 风管应减少纵向接缝且不得有横向接缝。连接缝的密封胶应设在风管的正压侧;密封材料宜采用异丁基橡胶、氯丁橡胶、变性硅胶等为基材的环保材料。

3) 彩色涂层钢板风管的内壁应光滑;加工时被损坏的部位应涂环氧树脂保护。

4) 洁净空调系统风管制作的刚度和严密性:N1~N5级净化空调风管按高压系统风管制作要求制作,N6~N9级净化空调风管按中压系统风管制作要求制作。

5) 风管内不得设置内加固措施或加固筋,管内部的加固点或法兰铆接点周围应采取密封胶进行密封。

(2) 风管连接

1) 风管的咬口缝、铆接缝及法兰翻边四角缝隙处,应按设计及洁净度等级要求,采取密封措施堵严。

2) 风管所用紧固件螺栓、螺母、垫圈、铆钉等应采用与管材性能相匹配、不会产生电化学腐蚀的材料,或采用镀锌或其他防腐措施,并不得采用抽芯铆钉;风管的咬口缝、折边和铆接等处有损坏时,应做防腐处理。

3) 风管无法兰连接不得使用S形插条、直角型平插条及立联合角插条等连接方式;空气洁净等级为1~5级的风管不得采用按扣式咬口连接。

(3) 风管检查门应平整、启闭灵活、关闭严密,且与风管或空气处理室的连接处应采取密封措施。

> **教材点睛** 教材 P130～P131(续)
>
> （4）制作完成的风管，应及时采用中性清洗剂将风管内外清洗干净，再用塑料膜密封风管端口。
>
> **2. 净化空调系统风管安装主要控制要求**
>
> （1）风管穿越洁净室（区）吊顶、隔墙等围护结构时，应采用可靠的密封措施。
>
> （2）法兰垫料应为不产尘，不易老化不含有害物质，且具有一定强度和弹性的材料，不得采用乳胶海绵。
>
> （3）柔性短管应采用不产尘、不透气、内壁光滑的材料。
>
> （4）系统风管、风口、柔性短管、静压箱等材料设备，安装前后均应保持清洁，擦拭干净，做到无浮尘、油污、锈蚀及杂物等，施工停工或完毕时，端口应封好。所有接缝部位均应用密封垫料或密封胶封闭严密。

巩固练习

1.【判断题】净化空调风管加工前应用清洗液去除板材表面油污及灰尘，清洗液应采用碱性清洁剂。 （　　）

2.【判断题】净化空调风管内不得设置内加固措施或加固筋。 （　　）

3.【单选题】净化空调风管加工做法错误的是（　　）。

A. 被损坏的部位涂环氧树脂保护　　B. 连接缝的密封胶设在风管的正压侧

C. 有横向接缝　　D. 密封材料采用异丁基橡胶

4.【单选题】空气洁净等级为1～5级的风管不得采用（　　）连接。

A. 抱箍　　B. 按扣式咬口

C. 联合角咬口　　D. 转角咬口

5.【单选题】当系统洁净度的等级为6～9级时，风管的法兰铆钉间距应（　　）。

A. 大于120mm　　B. 大于200mm

C. 小于300mm　　D. 小于120mm

6.【单选题】N1～N5级净化空调风管按（　　）系统风管要求制作。

A. 中压　　B. 低压

C. 高压　　D. 超低压

7.【多选题】净化空调系统风管安装控制要求做法正确的是（　　）。

A. 法兰垫料厚度为12mm

B. 穿越洁净室吊顶时采用密封措施

C. 法兰垫料采用乳胶海绵

D. 柔性短管内壁光滑

E. 带高效过滤器的送风口采用可分别调节高度的吊杆

【答案】1.×；2.√；3.C；4.B；5.D；6.C；7.BDE

考点34：防排烟系统施工工艺★

教材点睛 教材 P131~P132

法规依据：《通风与空调工程施工质量验收规范》GB 50243—2016

1. 风管及部件主要控制要求

（1）风管安装

1）风管的规格、安装位置、标高、走向应符合设计要求，防火隔热性能好，耐火极限满足消防验收要求。

2）风管接口的垫片厚度不小于3mm，接缝拼接严密，且风管的法兰面可减小接口的有效截面。

3）风管与风机连接若有转弯处宜加装导流叶片，保证气流顺畅。

4）风管（道）系统安装完毕后，应按系统类别进行严密性检验。

（2）部件安装

1）排烟防火阀、送风口、排烟阀或排烟口的安装应固定牢靠，表面平整、不变形，调节灵活；阀门应顺气流方向关闭，且可靠严密。

2）防火分区隔墙两侧的排烟防火阀距墙端面不大于200mm，并设独立的支、吊架。

3）正压送风口、排烟口、排烟防火阀应安装牢固，启闭灵活，动作可靠。

4）阀门的驱动装置应固定，安装在明显可见、便于操作的位置，预埋套管不得有死弯及瘪陷，手控脱扣缆绳安装合理，执行机构开启、复位动作灵活可靠。

5）防烟、排烟管在穿越防火隔墙、楼板和防火墙处时，孔隙应采用防火封堵材料封堵。

6）民用建筑内有易燃易爆危险物质的房间，应设置自然通风或独立的机械通风设施；排风管应采用金属管道，并应直接通向室外安全地点，不得暗设；排风系统应设置消除静电的接地装置；

7）有耐火极限要求的风管的本体、框架与固定材料、密封垫料等必须为不燃材料，耐火极限等应符合设计要求和国家现行标准的规定。

2. 风机安装：建筑内的加压送风机、排烟、补风机应设置在专用机房内。风机外壳至墙壁或其他设备的距离不小于600mm。风机应设在混凝土或钢架基础上，且不设置减振装置；若排烟系统与通风空调系统共用且需要设置减振装置时，不应使用橡胶减振装置。风机驱动装置的外露部位应装设防护罩，直通大气的进、出风口应装设防护网，并采取防雨措施。

巩固练习

1.【判断题】风管与风机连接若有转弯处，宜加装导流叶片，保证气流顺畅。（　　）

2.【判断题】防烟、排烟管在穿越防火隔墙、楼板和防火墙处时，孔隙应采用密实封堵材料封堵。（　　）

3.【单选题】吊顶内的排烟管道应采用不燃材料隔热,并应与可燃物保持不小于( )mm的距离。
   A. 100   B. 150
   C. 200   D. 250

4.【单选题】防排烟系统薄钢板法兰风管应采用( )连接。
   A. 咬口   B. 铆钉
   C. 焊接   D. 螺栓

5.【单选题】防火分区隔墙两侧的排烟防火阀距墙端面应( )mm;并应设独立的支、吊架。
   A. 不大于200   B. 不大于300
   C. 不小于200   D. 不小于300

6.【单选题】排烟口的平面布置应有利于排烟,防烟分区内任一点与最近的排烟口之间的水平距离应( )m。
   A. 不小于30   B. 不小于50
   C. 不大于30   D. 不大于60

7.【单选题】有耐火极限要求的风管的本体、框架与固定材料、密封垫料等必须为不燃材料,排烟管道及其连接部件应能在280℃时连续( )min保证其结构完整性。
   A. 90   B. 60
   C. 120   D. 30

8.【多选题】防排烟风机安装做法正确的是( )。
   A. 排烟与通风空调系统共用基础减振装置应使用橡胶减振装置
   B. 加压送风机应设置在专用机房内
   C. 风机驱动装置的外露部位应装设防护罩
   D. 风机外壳至墙壁或其他设备的距离不小于600mm
   E. 风机应设在混凝土或钢架基础上,且不设置减振装置

【答案】1.√;2.×;3.B;4.D;5.A;6.C;7.D;8.BCDE

考点35:空调水系统施工工艺★●

> **教材点睛** 教材P132~P134
>
> **1. 管架安装要求**
> (1)支、吊架的安装应平整牢固,与管道接触紧密。管道与设备连接处,应设独立支、吊架。
> (2)冷(热)媒水、冷却水系统管道机房内总、干管的支、吊架,应采用承重防晃管架;与设备连接的管道管架宜有减振措施。当水平支管的管架采用单杆吊架时,应在管道起始点、阀门、三通、弯头及长度每隔15m设置承重防晃支、吊架。
> (3)无热位移的管道吊架,吊杆应垂直安装;有热位移的,吊杆应向热膨胀(或冷收缩)的反方向偏移安装。

> **教材点睛** 教材 P132～P134（续）

(4) 滑动支架的滑动面应清洁、平整，安装位置应从支承面中心向位移反方向偏移 1/2 位移值。

(5) 竖井内的立管，每隔 2～3 层应设导向支架。

(6) 钢制冷（热）媒水管道与支、吊架之间，应有绝热衬垫，衬垫的表面应平整、衬垫接合面的空隙应填实。

(7) 沟槽式连接的管道，沟槽与橡胶密封圈和卡箍套必须配套；连接管端面应平整光滑、无毛刺。

(8) 空调水系统采用耐热塑料管时，除固定支架外，所有的管卡均不应卡死。

2. 管道安装要求：①管道与设备的连接，应在设备安装完毕后进行；②与水泵、机组的连接应采用柔性接口，与风机盘管机组的连接宜采用弹性接管或软接管，所有软管连接的长度不宜大于 150mm；③冷凝水排水管坡度宜大于或等于 8‰；④金属管道的固定焊口应远离设备，且不宜与设备接口中心线相重合；⑤管道对接焊缝与支、吊架的距离应大于 50mm。

3. 阀门安装要求：①安装在保温管道上的各类手动阀门，手柄均不得向下；②闭式系统管路应在系统最高处及所有可能积聚空气的高点设置排气阀；③电动阀门安装前应进行动作试验。

4. 温度补偿器安装要求：①补偿器的补偿量应根据设计计算值进行预拉伸或预压缩；②设有补偿器（膨胀节）的管道应设置固定支架，并应在补偿器的预拉伸（或预压缩）前固定；③波形补偿器安装时，补偿器内套有焊缝的一端水平管应迎介质流向安装，垂直管道应置于上部。

5. 管道系统的试验要求：管道系统安装完毕，外观检查合格后，应按设计要求进行水压试验。

6. 防腐与绝热施工要求【P134】

考点 36：常见空调设备安装要求

> **教材点睛** 教材 P134～P137

1. 常见空调设备包括：水泵、通风机、风机盘管、洁净空调设备（高效过滤器）、成套制冷机组及附属设备、空调水冷却塔等。

2. 常见空调设备安装要求【详见 P134～P137】

巩固练习

1. 【判断题】冷却水系统管道机房内总、干管的支、吊架，应采用承重防晃管架。（ ）

2. 【判断题】安装在保温管道上的各类手动阀门，手柄均不得向上。（ ）

3.【判断题】管道系统安装完毕,外观检查合格后,应按设计要求进行水压试验。
( )

4.【单选题】竖井内的立管,每隔( )层应设导向支架。
A. 1　　　　　　　　　　　　　B. 2~3
C. 4　　　　　　　　　　　　　D. 5

5.【单选题】与风机盘管机组的连接宜采用弹性接管或软接管,所有软管连接的长度,不宜大于( )mm。
A. 500　　　　　　　　　　　　B. 300
C. 250　　　　　　　　　　　　D. 150

6.【单选题】冷凝水排水管坡度宜( )。
A. 大于或等于5‰　　　　　　　B. 小于或等于5‰
C. 大于或等于8‰　　　　　　　D. 小于或等于8‰

7.【单选题】电动阀门安装前应进行( )试验。
A. 动作　　　　　　　　　　　　B. 压力
C. 气密　　　　　　　　　　　　D. 探伤

8.【单选题】空调水冷却塔安装做法要求错误的是( )。
A. 冷却水系统循环试运行不少于2h
B. 积水盘应严密、无渗漏
C. 单台冷却塔安装水平度允许偏差为2/1000
D. 同一冷却水系统的冷却塔的水面高差不大于50mm

9.【多选题】当水平支管的管架采用单杆吊架时,应在( )设置承重防晃支、吊架。
A. 管道起始点　　　　　　　　　B. 弯头
C. 阀门　　　　　　　　　　　　D. 管道长度每隔25m
E. 三通

【答案】1. √;2. ×;3. √;4. B;5. D;6. C;7. A;8. D;9. ABCE

考点37：通风与空调系统调试●

教材点睛　教材 P137~P140

法规依据:《通风与空调工程施工质量验收规范》GB 50243—2016
《建筑节能工程施工质量验收标准》GB 50411—2019

1. 系统调试包括:设备单机试运转及调试,系统无生产负荷的联合试运转及调试,综合效能测定和调整。

2. 通风与空调系统调试

(1) 通用要求

1) 通风与空调系统联合试运转及调试,由施工单位负责组织实施,设计单位、监理和建设单位参与和配合。对于不具备系统调试能力的施工单位,可委托具有相应能力的其他单位实施。

61

> **教材点睛** 教材 P137~P140

2) 系统调试前应具备的条件

① 施工单位应编制系统调试方案报送监理工程师审核批准；

② 调试所用测试仪器仪表的精度等级及最小分度值应满足工程性能测定要求，性能稳定可靠并在其检定有效期内；

③ 系统调试应由专业施工和技术人员实施，调试结束应提供完整的调试资料和报告。

④ 调试现场围护结构达到质量验收标准；

⑤ 通风管道、风口、阀部件及其吹扫、保温等工作已完成并符合质量验收要求，设备单机试运转合格；其他专业配套的施工项目（如给水排水、强弱电及油、汽、气等）已完成，并符合设计和施工质量验收规范的要求。

3) 系统调试主要考核：室内的空气温度、相对湿度、气流速度、噪声、空气的洁净度能否达到设计要求，是否满足生产工艺或建筑环境要求，防排烟系统的风量与正压是否符合设计和消防的规定。

（2）设备单机试运行及调试：在设备安装前进行。按设备出厂有关技术参数要求测试噪声、温升、风量等。

（3）系统无生产负荷的联合试运行及调试：监测与控制系统的检验、调整与联动运行。

（4）综合效能的测定与调整：交工前，在已具备生产试运行的条件下，由建设单位负责，设计、施工单位配合，进行系统生产负荷的综合效能试验的测定与调整，使其达到室内环境的要求。

3. 防排烟系统调试

（1）在系统施工完成及与工程有关的火灾自动报警系统及联动控制设备调试合格后进行，系统调试包括单机调试和联动调试。

（2）单机调试包括：防火阀、排烟防火阀的调试；送风口、排烟阀（口）的调试；送风机、排烟风机的调试；机械加压送风系统的调试；机械排烟系统的调试等。

（3）联动调试包括：机械加压送风系统的联动调试、机械排烟系统的联动调试等。

4. 通风空调工程的节能检测

（1）施工前：根据规范要求对通风空调工程的风机盘管、保温材料进场时应进行复验，合格后方可使用。

（2）工程完工后：对通风与空调系统的节能性能进行检测，检测项目包括<u>室内温度、各风口的风量、通风与空调系统的总风量、空调机组的水流量、空调系统冷热水和冷却水的总流量</u>等五项内容。

（3）材料设备见证取样检验项目：风机盘管机组和绝热材料。

巩固练习

1.【判断题】通风与空调系统调试由施工单位负责组织实施，设计单位、监理单位和

建设单位参与和配合。 ( )
2.【判断题】施工单位应编制系统调试方案报送监理工程师审核批准。 ( )
3.【判断题】调试现场围护结构应达到质量验收标准。 ( )
4.【单选题】通风与空调系统调试不包括( )。
   A. 系统无生产负荷的联合试运转及调试
   B. 设备单机试运转及调试
   C. 子分部系统运转及调试
   D. 综合效能测定和调整
5.【单选题】风机盘管按结构形式抽检，同厂家的风机盘管机组数量在500台及以下时，抽检( )台。
   A. 1   B. 2
   C. 3   D. 4
6.【多选题】系统调试主要是考核室内的( )能否达到设计要求。
   A. 气流速度   B. 空气温度
   C. 氧气含量   D. 相对湿度
   E. 空气的洁净度

【答案】1.√；2.√；3.√；4.C；5.B；6.ABDE

第三节　建筑电气工程

考点38：电气设备安装施工工艺★●

> **教材点睛**　教材P140～P145
>
> **1. 变压器安装**
>
>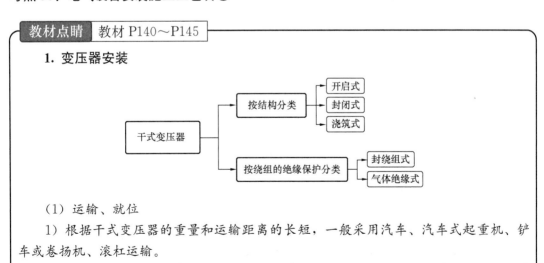
>
> （1）运输、就位
> 1）根据干式变压器的重量和运输距离的长短，一般采用汽车、汽车式起重机、铲车或卷扬机、滚杠运输。
> 2）运输中变压器与车身应固定牢固，保持运输平稳，不得碰撞和受剧烈振动，并设有防雨及防潮措施。

教材点睛 教材 P140～P145（续）

3）利用卷扬机等机械牵引运输时，牵引的着力点应在变压器重心以下。

4）变压器吊装的钢丝绳应系在专用吊耳上，吊索顶部夹角的大小应符合变压器技术文件的要求。

5）变压器箱体与基础型钢的固定应采用螺栓连接，箱内变压器本体的接地线应单独从接地干线上引接，不得利用基础型钢过渡。

6）单独安装的干式变压器应水平安装。就位后加装防振措施；引至本体的接地线宜有方便拆卸的断接点。

7）干式变压器就位时应注意高、低压侧方向与变压器室内的高低压电气设备的位置设置一致。

8）装有滚轮的变压器就位符合要求后，应将滚轮用能拆卸的制动装置加以固定或根据安装要求拆除滚轮。

（2）一、二次线连接

1）一次线连接包括变压器的高压侧与高压开关柜的出线侧连接；低压侧与低压开关柜的进线侧连接；变压器的接地螺栓与接地干线（PE线）连接。

2）二次线连接指风机及埋在线圈内部的测温元件、中间引线、温度控制器等的连接。

（3）变压器调试

1）变压器调试由有相应资质的调试单位进行，试验标准符合《电气装置安装工程 电气设备交接试验标准》GB 50150—2016 的规定和变压器制造厂的技术要求。

2）变压器调试包括：静态试验和送电运行。

2. 高低压开关柜安装

（1）高压开关柜用于开断或关合额定电压为 1kV 及以上线路的电气设备，有<u>固定式和手车式两类</u>。

（2）柜体安装

1）高低压开关柜应安装在型钢基础上。基础型钢一般为槽钢或角钢，普遍选用 10 号槽钢。

2）基础型钢接地和箱体接地：①电气设备的外露可导电部分应单独与保护接地导体相连接，不得串联连接；②柜、台、箱的金属框架及基础型钢应与保护接地导体可靠连接。

3）开关柜的搬运：搬运时应有防止倾覆、撞击和剧烈振动的措施，轻装轻卸；柜上的精密仪表和继电器，必要时可拆下单独搬运；吊运时，吊点应选用在柜顶部的吊环，或开关柜底部四角承重结构处。吊索的绳长应一致，注意绳索的顶部夹角应小于 45°，以防柜体变形或损坏部件。

4）开关柜就位：①型钢基础施工完成，且基础型钢尺寸检验符合要求。②安装时应注意与变压器进出线有刚性连接的中心线位置。多台开关柜并列安装时，应逐台找正，调整处垫片不宜超过 3 片。③开关柜就位后，与基础型钢用螺栓固定；列安装的同类型柜与柜间用镀锌螺栓连接，柜的外壳应单独与基础型钢作接地连接。

> **教材点睛** 教材 P140~P145
>
> 5) 开关柜安装完成后,进行柜内母线、二次回路线的连接和电气调试,柜内母线连接要求与变压器的一次线安装要求相同。
>
> (3) 电气调试
>
> 1) 试验整定:高压试验应由当地供电部门认可的试验单位进行;试验部位包括高压开关设备、高压瓷件、高低压母线及电缆电线等。
>
> 2) 送电运行验收
>
> ①建筑电气动力工程的负荷试运行前,应编制试运行方案或作业指导书,经施工单位审查批准,报监理单位确认后执行。
>
> ②送电运行的物资准备:试验合格的验电器、绝缘靴、绝缘手套、临时接地铜线、绝缘胶垫、灭火器材等。
>
> ③ 高压受电由供电部门检查合格后,将电源送至高压进线开关上桩头,经过验电、核相无误。由安装单位合进线柜开关。
>
> ④ 送电空载运行24h,无异常现象,办理验收手续,交建设单位使用。

巩固练习

1.【判断题】利用卷扬机等机械牵引运输时,牵引的着力点应在变压器重心以下。
( )

2.【判断题】变压器调试包括:静态试验和送电运行。 ( )

3.【判断题】高压受电由供电部门检查合格后,经过验电、核相无误,由供电部门合进线柜开关。 ( )

4.【单选题】变压器第一次做全电压冲击合闸时,由高压侧投入,进行( )次空载全电压冲击合闸。

A. 3 B. 5
C. 4 D. 2

5.【单选题】变压器冲击试验结束,宜空载运行( )h。

A. 12 B. 24
C. 36 D. 72

6.【单选题】变压器整体起吊时,应将钢丝绳系在( )上。

A. 吊芯上部的吊环 B. 专用吊耳
C. 顶盖 D. 外壳

7.【单选题】高压开关柜用于开断或关合额定电压为( )kV 及以上线路的电气设备。

A. 1 B. 2
C. 5 D. 10

8.【单选题】高低压开关柜试验整定内容不包括( )。

A. 二次回路模拟试验

B. 继电器调整

C. 二次回路线的校线
D. 移开式开关柜机械连锁装置检查调整

9.【多选题】开关柜安装的允许偏差项目有(　　)。
A. 垂直度　　　　　　　　　　B. 水平偏差
C. 柜面偏差　　　　　　　　　D. 柜间接缝
E. 柜体强度

【答案】1.√；2.√；3.×；4.B；5.B；6.B；7.A；8.C；9.ABCD

考点39：照明器具与控制装置安装施工工艺 ★●

> **教材点睛**　教材 P145~P150

1. 照明灯具安装

（1）一般规定

1）灯具安装一般在建筑工程施工结束、穿线完成后进行。

2）普通灯具的Ⅰ类灯具外露可导电部分必须采用铜芯软导线与保护导体可靠连接，连接处应设置接地标识，铜芯软导线的截面积应与进入灯具的电源线截面积相同。

3）非成套灯具，安装以前应进行组装。组装完后应对灯具及灯具内部配线进行绝缘电阻测试。

4）电线穿入灯箱时，在分支连结处不得承受额外应力和磨损，多股软线的端头铰接后，应先搪锡再连接。

5）灯具内的配线电线严禁外露，当采用螺口灯头时，开关线应接于螺口灯头的中间端子上；装于室外且无防雨设施的灯具，灯具组装时应采取加橡胶垫或打防水胶等防水密闭措施。

6）灯具固定在砌体和混凝土结构上时，严禁使用木楔，应采用尼龙塞或塑料塞固定。

7）当悬吊式灯具安装质量＞3kg 时，必须固定在螺栓或预埋吊钩上。当灯具质量＞10kg 时，其固定装置及悬吊装置应按灯具质量的 5 倍恒定均布载荷做强度试验，持续时间不得少于 15min。试验合格后方可进行灯具安装。

（2）灯具安装要求：常见灯具类型有吸顶灯、嵌入灯、壁灯、吊灯、景观照明灯、庭院灯等，其安装的特殊要求详见 P146~P147。

2. 照明开关及插座安装

（1）开关安装：安装位置应便于操作，同型号、同一房间并列安装的开关安装高度要一致，且间距均匀。

（2）插座安装

1）同一场所的三相插座接线的相序应一致。插座的接地端子不能与中性线端子连接，接地（PE）线在插座间不能串联连接。相线与中性导体（N）不得利用插座本体的接线端子转接供电。

> 教材点睛 教材 P145~P150（续）

2）同一房间、同类型的插座安装高度要一致，并列安装相同型号的插座间距要均匀。潮湿场所应采用防溅型插座，安装高度不应低于 1.5m。

3）当交流、直流或不同电压等级的插座安装在同一场所时，应注意区分，选择不同结构、不同规格和不能互换的插座，其配套的插头，也应按交流、直流或不同电压等级区别使用。

4）插座回路应设置剩余电流动作保护装置，每一回路插座数量不宜超过 10 个；用于计算机电源的插座数量不宜超过 5 个（组），并采用 A 型剩余电流动作保护装置。

（3）开关、插座的安装分为明装、暗装两种形式。

3. 照明控制（开关）箱安装

（1）悬挂式安装

1）悬挂式配电箱安装常见有：直接悬挂在墙上安装和利用支架固定安装两种。

2）配电箱安装前，应根据配电箱进出电气线路配管的情况，按需要敲掉敲落孔压片或用开孔器在箱体上开孔（严禁使用气割开孔）。

3）配电箱安装过程中应随时用水平仪和吊线锤测量箱体垂直度、水平度和平整度，调整后用金属螺栓固定配电箱。同一建筑物内同类箱的高度应保持一致。

4）配电箱应安装牢固后，方可进行配管连接作业。

（2）嵌入式安装

1）嵌入式配电箱安装有混凝土墙板上暗装、砖墙上暗装和木结构或轻钢龙骨护板墙上暗装几种情况。

2）安装时一般先安装铁壳箱体，再安装箱内配电板。配电箱体安装方法同悬挂式箱体，另外还须将与建筑物、构筑物接触部分满刷防腐漆。

3）配电箱的安装高度以设计为准，箱体安装应保持其水平和垂直；箱体凸出墙体的尺寸应根据结构形式和墙体装饰层厚度来确定。

4）配电盘安装前应对箱体的预埋质量、线管的预埋质量进行检查，确认无误后方可安装。

5）安装盘面时盘内的交流、直流或不同电压等级的电源应有明显标志；中性线汇流排必须与金属电器安装板进行绝缘隔离，PE 线汇流排必须与金属电器安装板进行电气连接；不同回路的中性线或 PE 线不应连接在汇流排同一孔上；配电箱内导线色别应正确。

6）配电箱安装完成后，应标明配电系统图和用电回路名称，并用 500V 兆欧表对线路进行绝缘检测。

4. 照明系统试运行：包括线路绝缘电阻测试、照度检测和照明全负荷通电试运行三个过程。

> 巩固练习

1.【判断题】普通Ⅱ类灯具外露可导电部分必须采用铜芯软导线与保护导体可靠连接。

（   ）

2. 【判断题】插座回路应设置剩余电流动作保护装置,每一回路插座数量不宜超过 10 个。 ( )

3. 【单选题】灯具固定在砌体和混凝土结构上时,严禁使用( )固定。
   A. 塑料塞   B. 尼龙塞
   C. 预埋塑料固定件   D. 木楔

4. 【单选题】当灯具质量大于 10kg 时,其固定装置及悬吊装置应按灯具质量的( )倍恒定均布载荷做强度试验。
   A. 4   B. 5
   C. 6   D. 10

5. 【单选题】潮湿场所应采用防溅型插座,安装高度不应低于( )m。
   A. 0.5   B. 1.0
   C. 1.5   D. 1.8

6. 【单选题】配电箱安装完成后,应标明配电系统图和用电回路名称,并用 500V 兆欧表对线路进行( )检测。
   A. 绝缘   B. 电流
   C. 电压   D. 电阻

7. 【单选题】照明系统试运行不包括( )。
   A. 线路绝缘电阻测试   B. 照度检测
   C. 防雷接地   D. 照明全负荷通电试运行

8. 【单选题】照明配电箱安装做法不正确的是( )。
   A. 用木楔进行固定   B. 底边距地高度不小于 1.5m
   C. 同类箱的高度偏差为 8mm   D. 垂直度偏差为 1.2‰

9. 【多选题】插座安装的做法正确的是( )。
   A. 插座的接地端子应与中性线端子连接
   B. 同一场所的三相插座接线的相序应一致
   C. 三相四孔及三相五孔插座的接地线接在上孔
   D. 单相两孔插座,面对插座的右孔或上孔接相线
   E. 单相三孔插座,面对插座的右孔接相线,左孔接中性线

【答案】1. ×;2. √;3. D;4. B;5. C;6. A;7. C;8. A;9. BCDE

考点 40:室内配电线路敷设施工工艺 ★●

> **教材点睛** 教材 P150~P159

1. 钢导管敷设

(1) 钢导管的分类:①按材质分为镀锌钢导管和非镀锌钢导管;②按壁厚分为厚壁($\delta>2mm$)和薄壁($\delta\leqslant2mm$)。

教材点睛 教材 P150～P159(续)

(2) 钢导管的连接方式有：镀锌厚壁钢导管的丝扣连接、镀锌薄壁钢导管的套接紧定式连接；非镀锌厚壁钢导管的丝扣或套管连接、非镀锌薄壁钢导管的丝扣连接。

(3) 导管加工的主要内容有除锈、切割、套丝和弯管等。在钢导管敷设前，可根据导管的连接方式，选择导管加工的内容。

(4) 导管连接

1) 管与管连接方式：有丝扣连接、套接紧定式连接和套管连接三种，最常见的连接方式是丝扣连接和套管连接，套接紧定式连接采用专用管接头。

2) 管与盒、箱连接：无敲落孔的盒、箱应用开孔器开孔，有敲落孔的盒箱应敲掉相应压板，使孔洞与管径吻合，排列整齐，要求一管一孔。

(5) 导管敷设方式分为暗管敷设、明管敷设两类，其中暗管敷设须接地连接。

2. 绝缘导管敷设

(1) 绝缘导管按其硬度可分为刚性绝缘导管和可弯曲绝缘导管。

(2) 导管加工的主要内容有切割、弯曲。刚性绝缘导管弯曲方法分冷煨法和热煨法两种方式。

(3) 导管连接：绝缘导管间，管与管及管与箱、盒间连接均应采用配套的专用配件。

(4) 导管敷设方式分为暗管敷设和明管敷设两类，除暗管敷设不需要接地连接外，安装技术要求同钢导管。

3. 可挠金属导管敷设

(1) 与钢导管相比，它的最大优点是敷设方便、施工操作简单，由于导管结构上具有可挠性，因此安装时不受建筑部位影响，随意性比较大，但价格相对较高。

(2) 导管连接：管与管、箱、盒连接均应采用其配套的专用附件。导管接地线连接必须采用配套的接地夹子，不得采用熔焊连接。

(3) 导管敷设方式分为暗管敷设、明管敷设两类，在穿越建筑物、构筑物的沉降缝或伸缩缝处时，须留置余量。

4. 配线

(1) 一般要求

1) 电线敷设时，应尽量避免接头。必须接头时，应设立接线盒，采用压接或焊接方式连接。

2) 电线的连接和分支处，不应受机械力的作用，电线与电器端子连接时应紧固。

3) 同一交流回路的绝缘导线不应敷设于不同的金属槽盒内或穿于不同的金属导管内。

4) 塑料护套线严禁直接敷设在建筑物顶棚内、墙体内、抹灰层内、保温层内或装饰面内；在室内垂直敷设时，距地面高度1.8m以下的部分应有保护。

5) 截面面积 $6mm^2$ 及以下铜芯导线间的连接应采用导线连接器或缠绕搪锡连接；截面面积大于 $2.5mm^2$ 的多股铜芯导线与设备、器具、母排的连接，除设备、器具、自带插接式端子外，应加装接线端子。

> **教材点睛** 教材 P150~P159(续)
>
> 6) 导线连接端子与电气器具连接不得降容连接。
>
> **(2) 管内穿线**
>
> 1) 管内穿线工作一般应在土建地坪和粉刷工程结束后进行，穿线前应将管子中的积水及杂物清除干净，先穿一根钢丝作引线。当管路较长或弯曲较多时，应在配管同时穿好引线钢丝。
>
> 2) 拉线时，应由二人配合操作，不可硬送硬拉。在垂直管路中，为防止由于电线的本身自重拉断电线或拉松接线盒中的接头，电线应按规定长度，在管口处或接线盒中进行固定。
>
> 3) 不同回路、不同电压等级和交流与直流的电线，不得穿入同一根管子内。
>
> 4) 电线与设备连接时，应将钢管敷设到设备内；如不能直接进入时，可在钢管出口处加金属软管或可挠性金属导管引入设备，金属软管或可挠性金属导管和接线盒等的连接应用专用接头。

巩固练习

1. 【判断题】导管敷设方式分暗管敷设、明管敷设两类，其中暗管敷设须接地连接。
（ ）
2. 【判断题】导线连接端子与电气器具连接可降容连接。（ ）
3. 【判断题】绝缘导管按其硬度可分为刚性绝缘导管和可弯曲绝缘导管。（ ）
4. 【单选题】钢导管的连接方式不包括（ ）。
   A. 套管连接　　　　　　　　　B. 丝扣连接
   C. 套接紧定式连接　　　　　　D. 焊接连接
5. 【单选题】导管加工的主要内容不包括（ ）。
   A. 除锈　　　　　　　　　　　B. 切割
   C. 刷装饰漆　　　　　　　　　D. 弯管
6. 【单选题】导管弯管做法错误的是（ ）。
   A. 明配管弯曲半径不小于管外径的 6 倍
   B. 暗配管弯曲半径不小于管外径的 6 倍
   C. 直径小于 50mm 管子用热弯法
   D. 埋地管弯曲半径不小于管外径的 10 倍
7. 【单选题】导管跨接线焊接应整齐一致，双面焊接，焊接面不得小于接地线截面面积的（ ）倍。
   A. 6　　　　　　　　　　　　 B. 7
   C. 8　　　　　　　　　　　　 D. 10
8. 【单选题】火灾自动报警和联动电线电缆暗导管以及应急照明暗导管离墙表面净距不小于（ ）mm。
   A. 15　　　　　　　　　　　　B. 30

C. 40　　　　　　　　　　　　　　D. 50

9.【单选题】塑料护套线在室内垂直敷设时,距地面高度(　　)m以下的部分应有保护。
A. 1.5　　　　　　　　　　　　　　B. 1.2
C. 0.9　　　　　　　　　　　　　　D. 1.8

10.【多选题】为防止由于电线的本身自重拉断电线或拉松接线盒中的接头,在垂直管路中应在管口处或接线盒中加以固定的情形有(　　)。
A. 长度为30m的30mm² 电线　　　B. 长度为20m的90mm² 电线
C. 长度为18m的120mm² 电线　　 D. 长度为20m的30mm² 电线
E. 长度为10m的130mm² 电线

【答案】1.√;2.×;3.√;4.D;5.C;6.C;7.A;8.B;9.D;10.ABC

考点41:封闭插接式母线（母线槽）敷设●

> **教材点睛** 教材 P159～P161

1. 封闭插接式母线构造:由金属外壳、绝缘件及金属母线组成,施工中可根据现场实际长度需要定制。

2. 母线的测绘（定位）的目的:根据实际尺寸定制母线。

3. 支、吊架制作安装:支、吊架制作完成后应及时进行刷油漆或镀锌等防腐处理;支、吊架设置应使母线有伸缩的活动余地;母线水平安装可用托架或吊架,垂直安装时,应用楼面支承弹性支架。托架和支撑架一般利用建筑预埋件进行焊接固定,吊架采用膨胀螺栓固定。

4. 插接式母线的组装和架设

(1) 插接式母线组装

1) 组装前应对每段母线进行绝缘电阻测试,其电阻值不得小于20MΩ。

2) 母线的段间连接须注意使母线的搭接接触面相互保持平行,每相母线间及与外壳间的纵向间隙应分配均匀,母线与外壳应同心,其误差不得超过5mm。母线直线段距离超过80m时,每50～60m应设置膨胀节。

3) 母线终始端单元可直接与进线箱连接;当进线箱安装在中间进线单元时,应先安装中间进线单元,再依次安装两端母线。

(2) 母线架设

1) 母线水平架设可采用人工方式放入托架;母线垂直架设可用吊索（不得用裸钢丝绳）吊入支架,根据弹性支架的弹簧高度在母线上卡接固定弹性支架,再与固定支座用弹簧螺栓进行连接。

2) 封闭式母线穿越防火墙、防火楼板时,应采取防火隔离措施。

3) 接地:母线的外壳应可靠接地,全长不应少于2处与接地保护干线相连接。

5. 送电

1) 确认插接式母线安装完成,母线槽的金属外壳与外部保护导体连接完成。

> **教材点睛** 教材 P159～P161(续)
>
> 2) 送电前检测：包括绝缘电阻检测及交流工频耐压试验。
> 3) 母线槽通电运行前检查分接单元插入时，接地触头应先于相线触头接触，且触头连接紧密，退出时，接地触头应后于相线触头脱开。

巩固练习

1.【判断题】封闭插接式母线是由金属外壳、绝缘件及金属母线组成。（　　）
2.【判断题】母线送电前检测包括绝缘电阻检测及交流工频耐压试验。（　　）
3.【单选题】母线的外壳应可靠接地，全长应不少于（　　）处与接地保护干线相连接。

　A. 1　　　　　　　　　　　　　B. 2
　C. 3　　　　　　　　　　　　　D. 4

4.【单选题】母线连接好后，装好盖板，接上保护接地线，再检测保护电路的连续性，R（　　）即合格。

　A. $\leqslant 1\Omega$　　　　　　　　　　　　B. $\leqslant 0.2\Omega$
　C. $\leqslant 0.5\Omega$　　　　　　　　　　　D. $\leqslant 0.1\Omega$

5.【单选题】母线直线段距离超过（　　）m 时（或根据厂家给定的要求）应设置膨胀节。

　A. 100　　　　　　　　　　　　B. 60
　C. 80　　　　　　　　　　　　　D. 40

6.【单选题】母线组装前必须对每段母线用 1000V 兆欧表进行绝缘电阻测试，其电阻值不得（　　）。

　A. 小于 20MΩ　　　　　　　　　B. 大于 20MΩ
　C. 小于 40MΩ　　　　　　　　　D. 大于 40MΩ

7.【多选题】母线支、吊架安装做法正确的有（　　）。

　A. 吊架采用木楔固定
　B. 水平或垂直敷设的固定点间距不大于 2m
　C. 垂直安装的支撑架利用预埋件焊接固定
　D. 距拐弯 0.5m 处设置支架
　E. 沿墙水平安装高度大于 1.8m

【答案】1.√；2.√；3. B；4. D；5. C；6. A；7. BCDE

考点 42：电缆敷设施工工艺 ★●

> **教材点睛** 教材 P161~P165

1. 电缆敷设方式：有室外直埋敷设、电缆沟敷设、桥架敷设和穿导管敷设四种方式。

2. 桥架的敷设

（1）支吊架安装

1）金属、玻璃钢制品一般采用支吊架安装，塑料制品可直接用塑料胀管固定于混凝土墙或砖墙上。

2）支吊架有焊接连接和螺栓固定连接两种。支吊架焊接连接后，应及时清除焊渣，同时做好防腐；支吊架采用膨胀螺栓固定时，应根据支吊架承重的负荷选择相应的金属膨胀螺栓。梯架、托架和槽盒垂直安装的支架间距不应大于2m。

（2）桥架安装

1）桥架安装应在支吊架安装完成后进行。

2）安装连接：①直线段组装时，应先做干线，再做分支线，逐段组装成形。②交叉、转弯、丁字形部位采用变通连接，连接螺栓选用方颈或半圆头连接螺栓，应保证接口内侧平整，槽盒盖装上后平整，无翘角，出线口的位置准确。③与盒、箱、柜等连接时螺栓紧固。④转弯处的转弯半径，不应小于敷设的电缆最小允许弯曲半径的最大者。⑤当直线段钢制品超过30m和铝合金或玻璃钢制品超过15m时，应设置伸缩节。⑥铝合金制品在钢制支架上固定时，应有防电化腐蚀的措施。

3）接地：金属桥架本体之间的连接应牢固可靠，与保护接地导体的连接应符合设计及规定要求。

3. 电缆敷设

（1）电缆的敷设方法比较多，有直埋敷设、电缆沟内敷设、电缆隧道内敷设、电缆穿管敷设、沿支架、电缆桥架敷设等，敷设方法的选择根据设计要求确定。

（2）电缆敷设原则

1）电缆敷设应在土建工作完成、供配电设备均已就位之后进行。

2）常用的方法是人力拖放电缆，大截面的电缆敷设可采用电缆输送机。

3）电缆加工长度应按施工实际绘制的电缆排列布置图确定，做到计划加工，避免浪费。

4）电缆敷设程序：先敷设集中排列的电缆，后敷设分散排列的电缆；先敷设长电缆，后敷设短电缆；并列敷设的电缆先内后外、上下敷设的电缆先下后上。

（3）直埋电缆敷设：一般在电缆数量少且敷设距离较长时采用。电缆应埋于冻土层以下，直埋电缆时，电缆上下应铺设黄砂层，铺设厚度不小于100mm，并盖以混凝土保护板，覆盖宽度应超过电缆两侧各50mm，也可以用砖块代替混凝土盖板。敷设时应注意保持设计规定的电缆与埋地管道、地下建筑物构筑物间的平行或交叉最小净距。

> **教材点睛** 教材 P161~P165(续)
>
> (4) 电缆沟或电缆隧道内敷设
>
> 1) 电缆采用支架或梯架固定,常用支架是自制角钢支架或装配式支架。支架固定方式有膨胀螺栓固定、焊接固定和直接埋墙固定等。
>
> 2) 电缆在支架上水平敷设时,电力电缆与控制电缆应分开或分层,不同电压等级的电缆应分层敷设。敷设位置为:控制电缆在下,电力电缆在上;1kV 及以下的电缆在下,1kV 以上的电缆在上。
>
> 3) 电缆在支架上垂直敷设时,有条件的最好自上而下敷设,并在电缆盘附近和部分楼层采取防滑措施。电缆施放方式为用滑轮加绳索以人力牵引敷设,高层及大截面电缆宜用机械牵引敷设。
>
> 4) 电缆在穿过楼板或墙壁处有防火隔堵要求的,应按施工图做好隔堵措施。
>
> **4. 槽盒内配线**
>
> (1) 槽盒内布线工作必须在槽盒全部安装完毕及土建地坪和粉刷工程结束后进行。
>
> (2) 在敷线前应将槽盒内的杂物清除干净,并注意槽盒接口的平整度,不得出现接口错位的状况。
>
> (3) 电线敷设时,应按供电或用电回路进行敷线,同一回路的相线和中性线敷设于同一金属槽盒内,并留置一定的余量,用绑扎带或尼龙绳进行分段绑扎固定。
>
> (4) 电线的分支接头应设在盒(箱)内,盒(箱)应设在便于安装、检查和维修的部位。配线完毕后,将槽盒盖板复位,复位后盖板应齐全、平整牢固。

巩固练习

1. 【判断题】电缆敷设时不应破坏电缆沟和隧道的防水层。( )
2. 【判断题】电缆在支架上水平敷设时,控制电缆在上,电力电缆在下。( )
3. 【单选题】梯架、托架和槽盒垂直安装的支架间距不应大于( )m。
   A. 1 B. 2
   C. 3 D. 5
4. 【单选题】桥架的标准出厂尺寸一般为长( )m。
   A. 4 B. 3
   C. 2 D. 1
5. 【单选题】铝合金或玻璃钢制品桥架超过( )m 时应有伸缩补偿,其连接宜采用伸缩节。
   A. 8 B. 10
   C. 12 D. 15
6. 【单选题】金属桥架本体之间的连接应牢固可靠,与保护接地导体的连接不符合规定的是( )。
   A. 非镀锌桥架本体之间连接板的两端应跨接保护联结导体
   B. 起始端和终点端均应可靠接地

C. 铜芯接地线的最小允许截面积不小于 8mm²

D. 电缆沟内支架应全程敷设保护接地导体与接地点连接

7.【单选题】电缆敷设程序的原则错误的是( )。

A. 并列敷设的电缆先外后内

B. 先敷设集中排列的电缆，后敷设分散排列的电缆

C. 上下敷设的电缆先下后上

D. 先敷设长电缆，后敷设短电缆

8.【单选题】直埋电缆穿越农田时，电缆表面距地面的距离不小于( )m。

A. 1　　　　　　　　　　　　　　B. 2

C. 0.7　　　　　　　　　　　　　D. 1.2

9.【多选题】电缆敷设方式有( )。

A. 水下敷设　　　　　　　　　　B. 电缆沟敷设

C. 室外直埋敷设　　　　　　　　D. 穿导管敷设

E. 桥架敷设

【答案】1.√；2.×；3.B；4.C；5.D；6.C；7.A；8.A；9.BCDE

考点 43：建筑物防雷装置安装●

教材点睛 教材 P165～P167

法规依据：《建筑物防雷设计规范》GB 50057—2010

1. 防雷引下线及接闪器安装：接闪器由接闪杆、引下线、接闪带组成。接闪器经过接地引下线与接地装置相连。

2. 接地装置：分为人工接地装置，利用建筑物基础钢筋的接地装置及两者相结合的接地装置。

(1) 人工接地体采用垂直接地体。接地极常采用 L50×50×5 的镀锌角钢或 DN50 的镀锌钢管。人工接地体与建筑物外墙或基础之间的水平距离不宜小于 5m；引下线与接地体连接处的 3m 范围内，应采用防止跨步电压对人员造成伤害的措施。

(2) 利用建筑物基础钢筋的接地装置，施工时按设计要求将钢筋主筋进行连接即可。

(3) 接地装置的焊接应采用搭接焊，除埋设在混凝土中的焊接接头外，应采取防腐措施。

(4) 接地装置在地面以上的部分，应按设计要求设置测试点，测试点不应被外墙饰面遮蔽，且应有明显标识。

3. 等电位联结系统：分为总等电位联结（MEB）和局部等电位联结（LEB）两类。其中，局部等电位联结一般在浴室、游泳池、喷水池、医院手术室等场所采用。

4. 防雷与接地安装

(1) 接闪器必须与防雷专设或专用引下线焊接或卡接器连接。

> **教材点睛** 教材 P165~P167（续）
>
> （2）防雷引下线、接地干线、接地装置的连接应符合的规定：①专设引下线之间、专设引下线与接地装置间、接地装置引出的接地线与接地干线间、接地干线与接地干线间均采用焊接或螺栓连接。②接地装置引出的接地线与接地装置采用焊接连接。③当连接点埋设于地下、墙体内或楼板内时，不应采用螺栓连接。
>
> （3）接地干线穿过墙体、基础、楼板等处时应采用金属导管保护。
>
> （4）建筑物屋面所有金属构架（件）、管道、电气设备及线路的外露导电部位均应与保护导体可靠连接。严禁利用金属软管、管道保温层的金属外皮或金属网、电线电缆金属护层作为保护导体。

巩固练习

1. 【判断题】接闪带和接闪网普遍用来保护较高的建筑物免受雷击。（ ）
2. 【判断题】为防止腐蚀，人工接地体采用水平接地体。（ ）
3. 【单选题】接闪器组成中不包括（ ）。
   A. 接地体 B. 接闪带
   C. 接闪杆 D. 引下线
4. 【单选题】接闪带一般沿屋顶周围装设，高出屋面（ ）mm。
   A. 200~250 B. 100~150
   C. 300~350 D. 200~400
5. 【单选题】接闪带和接闪网支持件应做拉拔试验，拉力不小于（ ）N。
   A. 49 B. 99
   C. 200 D. 300
6. 【单选题】人工接地体与建筑物外墙或基础之间的水平距离不宜小于（ ）m。
   A. 3 B. 4
   C. 5 D. 6
7. 【单选题】等电位联结不包括建筑物内的（ ）。
   A. 自来水管 B. 煤气管
   C. 设备基础金属物 D. 文件柜
8. 【单选题】接闪器与防雷专设或专用引下线连接做法正确的是（ ）。
   A. 螺栓连接 B. 焊接或卡接器连接
   C. 铆接 D. 绑扎搭接
9. 【多选题】接地装置的焊接应采用搭接焊，焊接搭接长度符合规定的是（ ）。
   A. 扁钢与角钢紧贴角钢外侧两面，上下焊
   B. 扁钢与扁钢搭接不小于扁钢宽度的2倍，三面焊
   C. 圆钢与扁钢搭接不小于圆钢直径的6倍，双面焊
   D. 圆钢与圆钢搭接不小于圆钢直径的6倍，双面焊

E. 扁钢与钢管紧贴 3/4 钢管表面，上侧施焊

【答案】1.√；2.×；3.A；4.B；5.A；6.C；7.D；8.B；9.ABCD

第四节　火灾报警及联动控制系统

考点 44：火灾探测报警系统的施工●

> **教材点睛**　教材 P167～P169
>
> **法规依据**：《火灾自动报警系统施工及验收标准》GB 50166—2019
> **1. 火灾自动报警系统**：由火灾探测报警系统消防联动控制系统、可燃气体探测系统及电气火灾监控系统组成。
> **2. 火灾报警**：有三种形式：①安保人员人工报警。②自动喷水灭火系统的洒水喷头触发自动报警。③火灾探测器等组成的自动报警系统自动检测火灾报警。三种形式的共同特征：发现火灾发出警报信号，并能自动在消控中心显示火灾发生的位置。
> **3. 火灾探测报警系统**：由火灾报警控制器、触发器件和火灾警报装置等组成。该系统属于消防用电设备，基础电源应采用消防电源，备用电源可采用蓄电池电源或消防设备应急电源。
> **4. 火灾探测报警系统安装的工艺要求**【详见 P168～P169】

考点 45：消防联动控制系统的施工●

> **教材点睛**　教材 P169～P170
>
> **1. 消防联动控制的功能是**：当建筑物发生火灾时，火灾报警控制器接收到火警信号，按照预设的逻辑关系进行识别判断输出相应控制信号，控制相应的自动消防系统（设施），实现预设的消防功能，达到扑灭火灾、疏散人员、求得外援、保护人身和建筑物安全之目的。
> **2. 火灾自动报警联动控制的控制对象**：消防工程中的各种消防设备，建筑智能化工程中的广播音响系统，建筑物的电梯，对外通信自动向 119 报警，其他的工程设计预期的各种联动控制对象。
> **3. 消防联动控制的施工要点**【详见 P169～P170】

巩固练习

1.【判断题】触发器件有手动触发和自动触发两种。　　　　　　　　　　　　（　　）
2.【单选题】火灾探测自动报警系统组成不包括(　　)。
A. 触发器件　　　　　　　　　　　　B. 火灾报警控制器
C. 排烟阀　　　　　　　　　　　　　D. 火灾警报装置

3.【单选题】在房间众多的建筑物（如宾馆、饭店）安装点型火灾探测器，其报警确认灯要朝向客房的（　　）。
   A. 墙壁　　　　　　　　　　　　B. 门口
   C. 顶棚　　　　　　　　　　　　D. 窗口

4.【单选题】被联动控制对象进入联动控制连接的先决条件是（　　）。
   A. 安装完成　　　　　　　　　　B. 通过检验批验收
   C. 通过分项验收　　　　　　　　D. 手动状态下单体（单机）试运转合格

5.【单选题】凡联动控制对象由电动机驱动的，单体联动校验时，应将（　　）。
   A. 电动机电源线接通　　　　　　B. 电动机拆除
   C. 电动机电源线拆除　　　　　　D. 采用备用电源

6.【单选题】火灾报警装置不包含（　　）。
   A. 数据采集器　　　　　　　　　B. 火灾报警控制盘
   C. 区域显示器　　　　　　　　　D. 报警电话 110

7.【多选题】火灾自动报警联动控制的控制对象有（　　）。
   A. 公共照明　　　　　　　　　　B. 消防泵
   C. 建筑物的电梯　　　　　　　　D. 正区送风系统送风机
   E. 广播音响系统

8.【多选题】火灾探测器从工作原理上分为（　　）。
   A. 感烟火灾探测器　　　　　　　B. 感雾火灾探测器
   C. 感光火灾探测器　　　　　　　D. 感火火灾探测器
   E. 感温火灾探测器

【答案】1.√；2. C；3. B；4. D；5. C；6. D；7. BCDE；8. ACE

第五节　建筑智能化工程

考点 46：建筑智能化工程●

教材点睛 教材 P170～P175

法规依据：《智能建筑工程质量验收规范》GB 50339—2013

1. 典型智能化子系统安装和调试介绍

（1）建筑智能化工程与建筑物、建筑设备的依存关系更为紧密，一般用三视图及透视图表达设备布置位置。

（2）建筑智能化工程设备的主要形态是：各类盘、柜、箱、台，其安装方法和固定工艺与建筑电气工程中的相应设备一致，但固定方法均应采用螺栓连接。

（3）建筑智能化工程的电线、电缆及光缆敷设工艺和要求、线缆的保护导管和槽盒

> **教材点睛** 教材 P170~P175（续）

敷设方法和工艺要求与建筑电气工程的一致。但在办公室的地板下部，楼（地）面以上等部位须增加敷设点。

（4）智能化工程信号抗干扰、防静电要求高，综合布线安装宜采用多层走线槽盒，强、弱电线路宜分层布设。工程中所有金属支架、导管、槽盒等均要接地。

（5）智能化工程的调试要求：检测机构要有相应的资质，实施检测应有检测方案，明确检测项目、检测数量和检测方法，方案应经建设单位或项目监理机构批准后实施。其他检测规定详见 P172~P173。

2. 智能化工程施工要点

（1）基本要求

1）在设备、器件的采购合同中，应明确智能化工程设备、器件与被监控的其他建筑设备、元器件间的界面划分，使两者的接口能符合匹配的要求。

2）做好相关分部分项工程的交接工作，提供详细正确的预留、预埋施工图，并派专人实施指导或复核。

3）智能化工程内外接口都应采用标准化、规范化部件。

4）火灾报警及消防联动系统要由消防监管机构验收确认，安全防范系统要由公安监管机构验收确认。两者均是一个独立的系统，通过接口和协议与外系统互相开放、交换数据。

5）施工中要认真阅读相关的设备、器件提供的技术说明文件，把握施工安装的要求，以免作业失误。

（2）注意事项【详见 P174~P175】

巩固练习

1.【判断题】智能化子系统工程中所有金属支架、导管、槽盒等均要接地。（　　）

2.【判断题】建筑智能化工程与建筑物、建筑设备的依存关系更为紧密，所以有的还要用透视图表达。（　　）

3.【单选题】采用无地址码的消防电话插孔安装于（　　）。
A. 手动报警按钮处　　　　B. 水泵房
C. 风机房　　　　　　　　D. 电梯机房

4.【单选题】建筑智能化工程设备的固定方法均为（　　）连接。
A. 铆接　　　　　　　　　B. 焊接
C. 卡扣　　　　　　　　　D. 螺栓

5.【单选题】综合布线中光纤应全部测试，对绞线抽测（　　）。
A. 5%　　　　　　　　　　B. 10%
C. 15%　　　　　　　　　 D. 20%

6.【单选题】智能化系统施工作业的条件不包括（　　）。
A. 机房的门窗齐全、锁匙完好有防偷盗丢失措施

B. 施工方案已批准，并向作业队组做了交底
C. 工程预付款已到账
D. 进场的设备、器件和材料已进行验收，符合工程设计要求

7.【单选题】智能化系统的设备、器件和材料进场检查验收的重点不包括（　　）。
A. 经济性　　　　　　　　　　B. 安全性
C. 电磁兼容性　　　　　　　　D. 可靠性

8.【多选题】智能化系统集成检测包括（　　）等的检测。
A. 操作人员技术水平　　　　　B. 接口
C. 检测人员资质　　　　　　　D. 软件
E. 设备

【答案】1.√；2.√；3.A；4.D；5.B；6.C；7.A；8.BDE

第五章 施工项目管理

第一节 施工项目管理的内容及组织

考点 47：施工项目管理的特点及内容

> **教材点睛** 教材 P176~P177
>
> **1. 施工项目管理的特点**：①主体是建筑企业。②对象是施工项目。③管理内容是按阶段变化的。④要求是强化组织协调工作。
> **2. 施工项目管理的内容（八个方面）**：①建立施工项目管理组织。②编制施工项目管理规划。③施工项目的目标控制。④施工项目的生产要素管理。⑤施工项目的合同管理。⑥施工项目的信息管理。⑦施工现场的管理。⑧组织协调。

考点 48：施工项目管理的组织机构★

> **教材点睛** 教材 P177~P181
>
> **1. 施工项目管理组织的主要形式**：直线式、职能式、矩阵式、事业部式等。
> **2. 施工项目经理部**：由企业授权，在施工项目经理的领导下建立的项目管理组织机构，是施工项目的管理层，其职能是对施工项目实施阶段进行综合管理。
> （1）项目经理部的性质：相对独立性、综合性、临时性。
> （2）建立施工项目经理部的基本原则
> 1）根据所设计的项目组织形式设置。
> 2）根据施工项目的规模、复杂程度和专业特点设置。
> 3）根据施工工程任务需要调整。
> 4）适应现场施工的需要。
> （3）项目经理部部门设置（5个基本部门）：经营核算部、技术管理部、物资设备供应部、质量安全部、安全后勤部。
> （4）项目部岗位设置及职责
> 1）项目部设置最基本的六大岗位：施工员、质量员、安全员、资料员、造价员、测量员，其他还有材料员、标准员、机械员、劳务员等。
> 2）岗位职责
> ① 施工项目经理：施工项目的最高责任人和组织者，是决定施工项目盈亏的关键性角色。
> ② 项目技术负责人：在项目部经理的领导下，负责项目部施工生产、工程质量、

> **教材点睛** 教材 P177～P181（续）
>
> 安全生产和机械设备管理工作。
> ③ 施工员、质量员、安全员、资料员、造价员、测量员、材料员、标准员、机械员、劳务员都是项目的专业人员，是施工现场的管理者。
> （5）项目经理部的解体：企业工程管理部门是项目经理部解体善后工作的主管部门，主要负责项目经理部的解体后工程项目在保修期间问题的处理，包括因质量问题造成的返（维）修、工程剩余价款的结算以及回收等。

巩固练习

1. 【判断题】施工项目管理是指建筑企业运用系统的观点、理论和方法对施工项目进行的决策、计划、组织、控制、协调等全过程的全面管理。（ ）

2. 【判断题】在工程开工前，由项目经理组织编制施工项目管理实施规划，对施工项目管理从开工到交工验收进行全面的指导性规划。（ ）

3. 【判断题】项目经理部是工程的主管部门，主要负责工程项目在保修期间问题的处理，包括因质量问题造成的返（维）修、工程剩余价款的结算以及回收等。（ ）

4. 【判断题】在现代施工企业的项目管理中，施工项目经理是施工项目的最高责任人和组织者，是决定施工项目盈亏的关键性角色。（ ）

5. 【判断题】施工现场包括红线以内占用的建筑用地和施工用地以及临时施工用地。（ ）

6. 【单选题】下列选项中关于施工项目管理的特点，说法错误的是（   ）。
A. 对象是施工项目
B. 主体是建设单位
C. 内容是按阶段变化的
D. 要求强化组织协调工作

7. 【单选题】下列选项中，不属于施工项目管理组织的主要形式的是（   ）。
A. 直线式
B. 线性结构式
C. 矩阵式
D. 事业部式

8. 【单选题】下列关于施工项目管理组织的形式的说法中，错误的是（   ）。
A. 线性组织适用于大型项目，工期要求紧，要求多工种、多部门配合的项目
B. 事业部式适用于大型经营型企业的工程承包
C. 部门控制式项目组织一般适用于专业性强的大中型项目
D. 矩阵项目组织适用于同时承担多个需要进行工程项目管理的企业

9. 【单选题】下列选项不属于项目经理部性质的是（   ）。
A. 法律强制性
B. 相对独立性
C. 综合性
D. 临时性

10. 【单选题】下列选项中，不属于建立施工项目经理部的基本原则的是（   ）。
A. 根据所设计的项目组织形式设置
B. 适应现场施工的需要
C. 满足建设单位关于施工项目目标控制的要求

D. 根据施工工程任务需要调整

11.【单选题】下列不属于施工项目经理部综合性主要表现的是( )。

A. 随项目开工而成立,随项目竣工而解体

B. 管理职能是综合的

C. 管理施工项目的各种经济活动

D. 管理业务是综合的

12.【单选题】项目部设置的最基本的岗位不包括( )。

A. 统计员 B. 施工员

C. 安全员 D. 质量员

13.【多选题】施工项目管理周期包括( )、竣工验收、保修等。

A. 建设设想 B. 工程投标

C. 签订施工合同 D. 施工准备

E. 施工

14.【多选题】下列各项中,不属于施工项目管理的内容的是( )。

A. 建立施工项目管理组织 B. 编制《施工项目管理目标责任书》

C. 施工项目的生产要素管理 D. 施工项目的施工情况的评估

E. 施工项目的信息管理

15.【多选题】下列各部门中,项目经理部不须设置的是( )。

A. 经营核算部门 B. 物资设备供应部门

C. 设备检查检测部门 D. 测试计量部门

E. 企业工程管理部门

【答案】1.√;2.√;3.×;4.√;5.×;6.B;7.B;8.C;9.A;10.C;11.A;12.A;13.BCDE;14.BD;15.CE

第二节 施工项目目标控制

考点49:施工项目目标控制★●

教材点睛 教材 P182~P188

1. 施工项目目标控制主要包括:施工项目进度控制、质量控制、成本控制、安全控制四个方面。

2. 施工项目目标控制的任务

(1)施工项目进度控制的任务:编制最优的施工进度计划;检查施工实际进度情况,对比计划进度,动态控制施工进度;出现偏差,分析原因和评估影响度,制定调整措施。

(2)施工项目质量控制的任务:准备阶段编制施工技术文件,制定质量管理计划和质量控制措施,进行施工技术交底;施工阶段对实施情况进行监督、检查和测量,找出存在的质量问题,分析质量问题的成因,采取补救措施。

> **教材点睛** 教材 P182~P188(续)
>
> （3）施工项目成本控制的任务：开工前预测目标成本，编制成本计划；项目实施过程中，收集实际数据，进行成本核算；对实际成本和计划成本进行比较，如果发生偏差，应及时进行分析，查明原因，并及时采取有效措施，不断降低成本。将各项生产费用控制在原来所规定的标准和预算之内，以保证实现规定的成本目标。
>
> （4）施工项目安全控制的任务（包括职业健康、安全生产和环境管理）
>
> 1）职业健康管理的主要任务：制定并落实职业病、传染病的预防措施；为员工配备必要的劳动保护用品，按要求购买保险；组织员工进行健康体检，建立员工健康档案等。
>
> 2）安全生产管理的主要任务：制定安全管理制度、编制安全管理计划和安全事故应急预案；识别现场的危险源，采取措施预防安全事故；进行安全教育培训、安全检查，提高员工的安全意识和素质。
>
> 3）环境管理的主要任务：规范现场的场容环境，保持作业环境的整洁卫生；预防环境污染事件，减少施工对周围居民和环境的影响等。
>
> **3. 施工项目目标控制的措施**
>
> （1）施工项目进度控制的措施：组织措施、技术措施、合同措施、经济措施和信息管理措施等。
>
> （2）施工项目质量控制的措施：提高管理、施工及操作人员素质；建立完善的质量保证体系；加强原材料质量控制；提高施工的质量管理水平；确保施工工序的质量；加强施工项目的过程控制（三检制）。
>
> （3）施工项目安全控制的措施：安全制度措施、安全组织措施、安全技术措施【详见表 5-1、表 5-2，P185】。
>
> （4）施工项目成本控制的措施：组织措施、技术措施、经济措施、合同措施。

巩固练习

1.【判断题】项目质量控制贯穿于项目施工的全过程。　　　　　　　　　　（　）

2.【判断题】安全管理的对象是生产中一切人、物、环境、管理状态，安全管理是一种动态管理。　　　　　　　　　　　　　　　　　　　　　　　　　　（　）

3.【单选题】施工项目的劳动组织不包括下列的（　　）。

A. 劳务输入　　　　　　　　　　B. 劳动力组织

C. 劳务队伍的管理　　　　　　　D. 劳务输出

4.【单选题】施工项目目标控制包括：施工项目进度控制、施工项目质量控制、（　　）、施工项目安全控制四个方面。

A. 施工项目管理控制　　　　　　B. 施工项目成本控制

C. 施工项目人力控制　　　　　　D. 施工项目物资控制

5.【单选题】下列各项措施中，不属于施工项目质量控制的措施的是（　　）。

A. 提高管理、施工及操作人员自身素质

B. 提高施工的质量管理水平

C. 尽可能采用先进的施工技术、方法和新材料、新工艺、新技术，保证进度目标实现
D. 加强施工项目的过程控制

6.【单选题】施工项目过程控制中，加强专项检查，包括自检、(　　)、互检。
A. 专检　　　　　　　　　　　B. 全检
C. 交接检　　　　　　　　　　D. 质检

7.【单选题】下列措施中，不属于施工项目安全控制的措施的是(　　)。
A. 组织措施　　　　　　　　　B. 技术措施
C. 管理措施　　　　　　　　　D. 制度措施

8.【单选题】下列措施中，不属于施工准备阶段的安全技术措施的是(　　)。
A. 技术准备　　　　　　　　　B. 物资准备
C. 资金准备　　　　　　　　　D. 施工队伍准备

9.【多选题】下列关于施工项目目标控制的措施说法，错误的是(　　)。
A. 建立完善的工程统计管理体系和统计制度属于信息管理措施
B. 主要有组织措施、技术措施、合同措施、经济措施和管理措施
C. 落实施工方案，在发生问题时，能适时调整工作之间的逻辑关系，加快实施进度属于技术措施
D. 签订并实施关于工期和进度的经济承包责任制属于合同措施
E. 落实各层次进度控制的人员及其具体任务和工作责任属于组织措施

【答案】1.×；2.√；3.D；4.B；5.C；6.A；7.C；8.C；9.BD

第三节　施工资源与现场管理

考点50：施工资源与现场管理★●

教材点睛　教材P188～P190

1. 施工项目资源管理

（1）施工项目资源管理的内容：劳动力、材料、机械设备、技术和资金等。

（2）施工资源管理的任务：确定资源类型及数量；确定资源的分配计划；编制资源进度计划；施工资源进度计划的执行和动态调整。

2. 施工现场管理

（1）施工现场管理的任务

1）全面完成生产计划规定的任务，包含产量、产值、质量、工期、资金、成本、利润和安全等。

2）按施工规律组织生产，优化生产要素的配置，实现高效率和高效益。

3）搞好劳动组织和班组建设，不断提高施工现场人员的思想和技术素质。

4）加强定额管理，降低物料和能源的消耗，减少生产储备和资金占用，不断降低生产成本。

> **教材点睛** 教材 P188~P190（续）
>
> 5）优化专业管理，建立完善的管理体系，有效地控制施工现场的投入和产出。
> 6）加强施工现场的标准化管理，使人流、物流高效有序。
> 7）治理施工现场环境，改变"脏、乱、差"的状况，注意保护施工环境，做到施工不扰民。
> （2）施工项目现场管理的内容：规划及报批施工用地；设计施工现场平面图；建立施工现场管理组织；建立文明施工现场；及时清场转移。

巩固练习

1. 【判断题】施工项目的生产要素主要包括劳动力、材料、技术和资金。（　　）
2. 【判断题】建筑辅助材料指在施工中被直接加工，构成工程实体的各种材料。（　　）
3. 【单选题】下列不属于施工资源管理任务的是（　　）。
   A. 确定资源类型及数量
   B. 设计施工现场平面图
   C. 编制资源进度计划
   D. 施工资源进度计划的执行和动态调整
4. 【单选题】下列不属于施工项目现场管理内容的是（　　）。
   A. 规划及报批施工用地　　　　B. 设计施工现场平面图
   C. 建立施工现场管理组织　　　D. 为项目经理决策提供信息依据
5. 【单选题】资金管理的主要环节不包括（　　）。
   A. 资金回笼　　　　　　　　　B. 编制资金计划
   C. 资金使用　　　　　　　　　D. 筹集资金
6. 【单选题】属于确定资源分配计划的工作是（　　）
   A. 确定项目所需的管理人员和工种　B. 编制物资需求分配计划
   C. 确定项目施工所需的各种物资资源　D. 确定项目所需资金的数量
7. 【多选题】下列属于施工项目资源管理的内容的是（　　）。
   A. 劳动力　　　　　　　　　　B. 材料
   C. 技术　　　　　　　　　　　D. 机械设备
   E. 施工现场
8. 【多选题】下列选项中不属于施工资源管理的任务的是（　　）。
   A. 规划及报批施工用地
   B. 确定资源类型及数量
   C. 确定资源的分配计划
   D. 建立施工现场管理组织
   E. 施工资源进度计划的执行和动态调整
9. 【多选题】下列选项中属于施工现场管理的内容的是（　　）。

A. 落实资源进度计划
B. 设计施工现场平面图
C. 建立文明施工现场
D. 施工资源进度计划的动态调整
E. 及时清场转移

【答案】1. ×；2. ×；3. B；4. D；5. A；6. B；7. ABCD；8. AD；9. BCE

第六章　设备安装相关的力学知识

第一节　平　面　力　系

考点 51：平面力系★

> **教材点睛**　教材 P191～P196
>
> **1. 力的概念**
> （1）力的本质
> 1）力是物体之间相互的机械作用，力不能脱离物体而单独存在；有力存在，就必定有施力物体和受力物体。
> 2）力的作用方式：①通过物体之间的直接接触发生作用；②通过场的形式发生作用。
> 3）刚体是在力的作用下不变形的物体。刚体是一种经抽象化处理后的理想物体。
> （2）力的三要素：力的大小（即力的强度）、力的方向和力的作用点。
> （3）力的合成（平行四边形法则）：作用在物体上同一点的两个力，可以合成为一个合力。合力的大小和方向，由这两个力为邻边构成的平行四边形的对角线确定。<u>平行四边形法则是简化复杂力系的基础。</u>
> （4）力的平衡
> 1）平衡的概念：指物体相对于地面保持静止或做匀速直线运动。
> 2）二力平衡条件：两个力的大小相等、方向相反，且在同一直线上。
> 3）三力平衡汇交：如果作用于同一平面的三个互不平行的力组成平衡力系，则此三个力的作用线必交于一点。
> （5）作用力和反作用力与二力平衡的区别：前者二力分别作用在两个不同的物体上，而后者作用于同一物体上。
>
> **2. 力矩、力偶的概念**
> （1）力矩：是用来度量力对物体的转动效果。
> 1）力矩＝力的大小×力臂。单位为牛顿米（N·m）或千牛顿米（kN·m）。
> 2）力矩的正负规定：力使物体绕矩心逆时针转动时取正，反之为负。
> 3）转动物体的平衡条件为：作用在该物体上的各个力对物体上任一点力矩的代数和为零。
> （2）力偶：是由两个大小相等，方向相反的平行力组成的力系。
> 1）力偶矩：是力偶中力的大小与力偶臂的乘积。
> 2）力偶的特性
> ①力偶无合力，只能用力偶来平衡，力偶在任意轴上的投影等于零。

> **教材点睛** 教材 P191～P196（续）
>
> ② 力偶对其平面内任意点之矩，恒等于其力偶矩，而与矩心的位置无关。
>
> **3. 平面力系的平衡**
>
> （1）平面力系的简化：同样作用的力和相应的附加力偶，通过合力及其附加力偶判定为零则力系为平衡力系。
>
> （2）力的平移定理：若将作用于物体上一个力，平移到物体上的任意一点而不改变原力对物体的作用效果，则必须附加一个力偶，其力偶矩等于原力对该点的矩。附加力偶矩的大小和转向，与所选取的点的位置有关。
>
> （3）平衡的条件：$\sum Fx=0$，$\sum Fy=0$，$\sum M(\vec{F})=0$。

巩固练习

1.【判断题】力是物体之间相互的机械作用，这种作用使物体的状态发生改变。

（　　）

2.【判断题】转动物体的平衡条件为：作用在该物体上的各力对物体上任一点力矩的代数和为零。

（　　）

3.【单选题】下列关于力偶、力矩说法正确的是（　　）。

A. 力对物体的转动效果，要用力偶来度量

B. 由两个大小相等，方向相反的平行力组成的力系称为力偶

C. 力矩的正负规定：力使物体绕矩心逆时针转动时取负，反之取正

D. 凡能绕某一固定点转动的物体，称为杠杆

4.【单选题】力偶中力的大小与力偶臂的乘积称为（　　）。

A. 力偶　　　　　　　　　　B. 力矩

C. 力偶矩　　　　　　　　　D. 力

5.【单选题】转动物体的平衡条件为作用在该物体上的各力对物体上任一点力矩的代数和为（　　）。

A. 1　　　　　　　　　　　B. 0

C. 不确定　　　　　　　　　D. 无穷大

6.【多选题】力的三要素包括（　　）。

A. 力的大小　　　　　　　　B. 力的方向

C. 力的作用点　　　　　　　D. 力的合成

E. 力的平衡状态

7.【多选题】静力学所指的平衡，是指（　　）。

A. 物体相对于地面保持静止

B. 物体相对于物体本身做匀速直线运动

C. 物体相对于其他物体做匀速直线运动

D. 物体相对于地面做匀速直线运动

E. 物体相对于地面作变加速直线运动
8. 【多选题】作用在同一物体上的两个力，要使物体处于平衡的必要和充分条件是（   ）。
   A. 两个力大小相等
   B. 方向相同
   C. 方向相反
   D. 且在同一直线上
   E. 且在两条平行的直线上
9. 【多选题】下列关于作用力与反作用力叙述正确的是（   ）。
   A. 作用力与反作用力总是同时存在的
   B. 作用力通常大于反作用力
   C. 两力大小相等
   D. 两力方向相反
   E. 沿着同一直线分别作用在两个相互作用的物体上

【答案】1. ×；2. √；3. B；4. C；5. B；6. ABC；7. AD；8. ACD；9. ACDE

第二节　杆件强度、刚度和稳定性的概念

考点52：杆件强度、刚度和稳定性★

> **教材点睛**　教材 P196～P205
>
> **1. 杆件变形的基本形式**
> （1）工程中主要研究杆件的变形为：弹性变形和塑性变形（残余变形）。
> （2）杆件基本变形形式，见表6-1。【P196～P197】
> **2. 应力、应变的概念**
> （1）内力的概念
> 1）内力：由于外力作用而在物体内部产生的抵抗力。
> 2）求取内力的方法——截面法。
> 3）杆件运用截面法求内力的步骤：截开→替代→平衡。根据留下部分的平衡条件求出该截面的内力。
> 4）轴力的符号规定：轴力背离截面的力为拉力，符号为"＋"；轴力指向截面的力为压力，符号为"－"。
> （2）应力的概念
> 1）工程上采用截面单位面积上的内力来分析构件的强度，称为应力。应力矢量的方向不受限制。应力的单位为帕斯卡，简称帕，符号为Pa。
> 2）应力的计算：先用截面法只能求得截面上内力的合力，再计算内力合力与截面面积的比值，即得到应力值。
> 3）应力的符号规定：垂直于横截面的应力称为正应力，反之为负。

教材点睛 教材 P196~P205（续）

（3）应变的概念：直杆在轴向拉（压）力作用下，将产生轴向伸长（缩短）。当杆伸长时，其横向尺寸略有缩小；当杆缩短时，其横向尺寸稍有增大。材料的应变能力用泊松比来表示。

（4）虎克定律：受到拉（压）的杆件，在弹性范围内，变形与载荷、杆件原长成正比，而与杆件横截面面积成反比。式（6-17）和式（6-18）即为虎克定律的两种表达式。【P200】

（5）弹性模量 E：表示材料抵抗拉伸（压缩）变形的能力。

3. 杆件强度的概念

（1）低碳钢的拉伸试验

1）从开始拉伸到材料断裂，低碳钢的变形可分为：弹性、屈服、强化、颈缩等四个阶段。

2）延伸率 δ：是衡量材料塑性好坏的指标。数值越大，表明材料的塑性越好；反之表明材料的塑性越差。一般把 δ 值大于 5% 的材料称为塑性材料，δ 值小于 5% 的材料称为脆性材料。

（2）拉（压）杆的强度

1）许用应力：工程上把极限应力除以一个大于 1 的系数，作为材料的许用应力 $[\sigma]$。【查表可得】

2）安全系数：安全系数取大了，会浪费材料，且使构件笨重；安全系数取小了，不安全。常温、静荷载条件下，塑性材料安全系数常取 1.2~1.5，脆性材料安全系数常取 2~3.5。

3）利用杆件的强度条件可以解决强度计算的三类问题：强度校核、设计截面确定、许可载荷确定。

4. 杆件刚度和压杆稳定性的概念

（1）刚度：是指构件在外力作用下抵抗弹性变形的能力。

（2）杆件的刚度条件

1）杆件受拉伸（压缩）的刚度条件为：$\delta L_{max} \leqslant [\delta L]$

2）杆件受平面弯曲的刚度条件为：$y_{max} \leqslant [y]$
$$\theta_{max} \leqslant [\theta]$$

（3）提高压杆稳定性的措施：合理选择材料；采用合理的截面形状；减小压杆长度和改善支承情况。

巩固练习

1.【判断题】物体在外力作用下产生的变形有：弹性变形、塑性变形（残余变形）。
（　　）

2.【判断题】材料相同、横截面面积不同的两个直杆，在所受轴向拉力相等时，截面面积大的容易断裂。
（　　）

3. 【单选题】杆件受平面弯曲的刚度条件( )。
A. $y_{max}\leqslant[y]$ $\theta_{max}\leqslant[\theta]$
B. $y_{max}\geqslant[y]$ $\theta_{max}\leqslant[\theta]$
C. $y_{max}\leqslant[y]$ $\theta_{max}\geqslant[\theta]$
D. $y_{max}\geqslant[y]$ $\theta_{max}\geqslant[\theta]$

4. 【单选题】蠕变现象造成材料的( )变形,可以看作是材料在( )的屈服。
A. 塑性,快速
B. 脆性,快速
C. 塑性,缓慢
D. 脆性,缓慢

5. 【单选题】强度极限值出现在( )阶段中。
A. 弹性
B. 屈服
C. 强化
D. 颈缩

6. 【单选题】轴力背离截面为( );轴力指向截面为( )。
A. 正,负
B. 正,不确定
C. 负,正
D. 负,不确定

7. 【多选题】杆件运用截面法求内力的步骤为( )。
A. 截开
B. 替代
C. 平衡
D. 规定
E. 计算

8. 【多选题】应变随应力变化的阶段有( )。
A. 弹性阶段
B. 屈服阶段
C. 强化阶段
D. 颈缩阶段
E. 破坏阶段

9. 【多选题】下列关于蠕变叙述错误的是( )。
A. 蠕变现象造成材料的弹性变形
B. 蠕变现象可以看作是材料在缓慢地屈服
C. 温度越高,蠕变越严重
D. 时间越短,蠕变越严重
E. 应力越大,蠕变越严重

10. 【多选题】提高压杆稳定性的措施有( )。
A. 合理选择材料
B. 采用合理的截面形状
C. 保证材料的刚度
D. 减小压杆长度
E. 改善支撑情况

【答案】1.√;2.×;3.A;4.C;5.C;6.A;7.ABC;8.ABCD;9.AD;10.ABDE

第三节 流体力学基础

考点53:流体力学基础知识★●

教材点睛 教材 P205~P215

1. 流体的概念和物理性质

(1) 流体的特征:液体和气体状态的物质统称为流体。流体的特征是流动性,特性是易流动性。

> 教材点睛 教材 P205～P215(续)

(2) 流体的主要物理性质：密度、密度（重度）、比容、黏性、压缩性、膨胀性、表面张力、汽化压强等。

(3) 作用在流体上的力有：表面力（单位 Pa）、质量力（单位 m/s²）。

2. 流体静压强的特性和分布规律

(1) 流体静压强的特性：① 流体静压强的方向与作用面垂直，并指向作用面。② 静止流体中的任何一点压强，在各个面上都是相等的。

(2) 流体静压强的分布规律：① 在静止的液体中，液体任一点的压强与该点的深度有关，深度越大，则该点的压强越大。② 当流体的表面压强 P_0 发生变化时，必将引起液体内部其他各点的压强的变化。

(3) 静压强（工程中）的表示方法：表压力（相对压强）、绝对压强、真空压强。

(4) 在工程中，压强常用的单位为帕斯卡（国际单位代号为 Pa）。也可用液柱高度、大气压的倍数表示压强大小。

(5) 流体对容器的总静压力

1) 总静压力的应用场景：①水箱、水池、闸门、防洪堤等结构设计；②分析压力管道、锅炉汽包、各类水箱、油箱、气罐的受力情况。

2) 总静压力计算方法：分为受压面为水平面及受压面为垂直平面两种情况

3. 流体运动的分类

(1) 按流体运动要素与时间的关系可分为：稳定流、非稳定流。

(2) 按流体运动的流速沿流程变化可分为：均匀流、非均匀流

(3) 按流体运动对接触周界情况可分为：有压流、无压流、射流。

4. 孔板流量计、减压阀的基本工作原理

(1) 孔板流量计：按照孔口出流原理制成的，用于测量流体的流量。

(2) 减压阀工作原理：缩小流体通过的过流断面产生节流，节流损失使流体压力降低，形成所需要的低压流体。

巩固练习

1.【判断题】温度对流体的黏滞系数影响很大，温度升高时，液体的黏滞系数降低，流动性增加。（　　）

2.【判断题】作用在流体上的力，按作用方式的不同，可以分为表面力和质量力。（　　）

3.【判断题】液体内部的压强随着液体深度的增加而减小。（　　）

4.【判断题】由于流体具有黏滞性，所以在同一过流断面上的流速是均匀的。（　　）

5.【单选题】液体和气体在任何微小剪力的作用下都将发生连续不断的变形，直至剪力消失，这一特性有别于固体的特征，称为（　　）。

A. 流动性　　　　　　　　　　　B. 黏性
C. 变形　　　　　　　　　　　　D. 压缩

6.【单选题】温度对流体的黏滞系数影响很大,温度升高时,液体的黏滞系数( ),流动性( )。
   A. 降低,降低   B. 降低,增加
   C. 增加,降低   D. 增加,增加

7.【单选题】用( )来描述水流运动,其流动状态更为清晰、直观。
   A. 流线   B. 流速
   C. 流量   D. 迹线

8.【单选题】流体运动时,流线彼此不平行或急剧弯曲,称为( )。
   A. 渐变流   B. 急变流
   C. 有压流   D. 无压流

9.【单选题】由于流体具有黏滞性,所以在同一过流断面上的流速是( )。
   A. 均匀的   B. 非均匀的
   C. 不能确定   D. 零

10.【单选题】流体中,紧贴管壁的流体质点,其流速接近( ),在管道中央的流体质点的流速最( )。
   A. 零,小   B. 零,大
   C. 最大,小   D. 最大,大

11.【单选题】"流线"表示( )时刻的( )质点的流动方向。
   A. 不同,许多   B. 不同,单一
   C. 同一,许多   D. 同一,单一

12.【单选题】减压阀的工作原理是使流体通过缩小的过流断面而产生节流,( )使流体压力( ),从而成为所需要的低压流体。
   A. 节流损失,降低   B. 节流损失,增长
   C. 节流,降低   D. 节流,增长

13.【单选题】在管径不变的直管中,沿程能量损失的大小与管线长度成( )。
   A. 正比   B. 反比
   C. 不确定   D. 没有关系

14.【多选题】作用在流体上的力,按作用方式的不同,可分为( )。
   A. 层间力   B. 温度应力
   C. 剪切应力   D. 表面力
   E. 质量力

15.【多选题】按运动要素与时间的关系分类,流体运动可以分为( )。
   A. 稳定流   B. 急变流
   C. 渐变流   D. 非稳定流
   E. 均匀流

16.【多选题】推导稳定流连续方程式时,下列说法正确的有( )。
   A. 流体流动是稳定流
   B. 流体是不可压缩的
   C. 流体是连续介质

D. 流体不能从流段的侧面流入或流出

E. 流体运动时，流线彼此平行或急剧弯曲，称为急变流

【答案】1. √；2. √；3. ×；4. ×；5. A；6. B；7. A；8. B；9. B；10. B；11. C；12. A；13. A；14. DE；15. AD；16. ABCD

第七章 建筑设备的基本知识

第一节 电工学基础

考点 54：欧姆定律和基尔霍夫定律●

> **教材点睛** 教材 P216~P219
>
> **1. 欧姆定律及电阻、电容、电感元件在直流电压作用下的定性分析**
> (1) 电阻用 R 表示，单位是欧姆（Ω）；电流用 I 表示，单位安培（A）；电压用 U 表示，单位伏特（V）。
> (2) 欧姆定律：$I=U/R$；即电阻中流过的电流值与电阻两端的电压值成正比，与电阻值成反比。
> (3) 电容用 C 表示，单位是法拉（F），工程上多采用微法（μF）或皮法（PF）表示。电容具有隔直流作用。
> (4) 电感用 L 表示，单位是亨利（H）。在稳恒电流下，电流的变化率为零，电感元件可视为短路。
>
> **2. 基尔霍夫定律**
> (1) 基尔霍夫电流定律应用于节点，电压定律应用于回路。
> (2) 基尔霍夫第一定律也称节点电流定律（KCL）：电路中任意一个节点的电流的代数和恒等于零。
> (3) 基尔霍夫第二定律也称回路电压定律（KVL）：对于电路中任一回路，沿回路绕行方向的各段电压代数和等于零。
>
> **3. 电阻串并联及分压、分流公式**
> (1) 电阻串联的特点：等效电阻 R 等于各个串联电阻之和；在串联电路中，电流处处相等；在串联电路中，总电压等于各分电压之和。
> (2) 电阻并联的特点：并联电路中各个并联电阻上的电压相等；并联电路中的总电流等于各支路分电流之和；并联电路中总电阻的倒数等于各分电阻的倒数之和。

巩固练习

1. 【判断题】基尔霍夫第二定律也称回路电压定律。　　　　　　　　　　（　）
2. 【判断题】基尔霍夫电流定律应用于节点，电压定律应用于回路。　　　（　）
3. 【单选题】电阻串联电路的特点不包括(　　)。
   A. 等效电阻 R 等于各个串联电阻之和
   B. 在串联电路中，电流处处相等

C. 在串联电路中，总电压等于各分电压之和

D. 电路中总电阻的倒数等于各分电阻的倒数之和

4.【单选题】基尔霍夫第二定律，对于电路中任一回路，沿回路绕行方向的各段电压代数和等于(　　)。

A. 0　　　　　　　　　　　　　　B. 1

C. 无穷大　　　　　　　　　　　　D. 不确定

5.【多选题】分析与计算电路的基本定律有(　　)。

A. 欧姆定律　　　　　　　　　　　B. 基尔霍夫电流定律

C. 基尔霍夫电压定律　　　　　　　D. 楞次定律

E. 牛顿定律

6.【多选题】关于基尔霍夫第一定律正确的是(　　)。

A. 基尔霍夫第一定律也称节点电流定律

B. 电路中任意一个节点的电流的代数和恒等于零

C. 基尔霍夫电流定律通常应用于节点

D. 对于电路中任一回路，沿回路绕行方向的各段电压代数和等于零

E. 流入流出闭合面的电流的代数和为零

【答案】1.√；2.√；3. D；4. A；5. ABC；6. ABCE

考点 55：正弦交流电的三要素及有效值 ★●

教材点睛 教材 P219～P221

1. 交流电：大小和方向随时间作周期性变化的电压和电流称为周期性交流电，简称交流电。其中随时间按正弦规律变化的交流电称正弦交流电。

2. 正弦交流电的三要素：最大值、频率和初相。

3. 正弦交流电的有效值：如果一个交流电流通过一个电阻，在一个周期时间内所产生的热量和某一直流电流通过同一电阻在相同的时间内所产生的热量相等，那么这个直流电流的量值就称为交流电流的有效值。电动势、电压、电流的有效值分别用 E、U、I 表示。

考点 56：电流、电压、电功率的概念 ●

教材点睛 教材 P221～P223

1. 电路及其构成

（1）电路：是用电工部件（元件）的任何方式连接成的总体，是提供电流流通的路径。

（2）电路的结构：包括电源、负载和中间环节。

> **教材点睛** 教材 P221～P223（续）
>
> （3）直流电（稳恒电流）：凡电路中的电流、电压大小和方向不随时间的变化而变化的，用 DC 表示。
>
> （4）正弦交流电：电路中的电流、电压大小和方向随时间作正弦规律变化的，用 AC 表示。
>
> **2. 直流电路的电流、电压和电功率**：电流（I），单位为安培（A）；电压（U），单位为伏特（V）；电阻（R），单位为欧姆（Ω）；电功率（P），单位为瓦（W）。
>
> **3. 正弦交流电路的电流、电压、电功率**
>
> （1）电流（I），单位为安培（A）；电压（U），单位为伏特（V）。
>
> （2）电功率：①有功功率（P），单位为瓦（W），$P=UI\cos\varphi$；②视在功率（S），单位为伏安（VA）；③电路的无功功率（Q），单位为乏（var）；④功率三角形表示三种电功率的关系。
>
> **4. 额定功率**：指用电设备正常工作时的功率。当用电器的实际功率大于额定功率，则用电器可能会损坏；当实际功率小于额定功率（$P_实 < P_额$），则用电器无法正常运行。
>
> **5. 电流表、电压表**：用于检测电路中电流、电压的检测仪器，其量程均应大于被测线路的电流或电压值。

巩固练习

1. 【判断题】电路的作用是实现电能的传输和转换。　　　　　　　　　（　　）
2. 【判断题】大小随时间作周期性变化的电压和电流称为周期性交流电，简称交流电。　（　　）
3. 【判断题】周期和频率都是反映正弦交流电变化快慢的物理量。　　　（　　）
4. 【判断题】在正弦交流电中，周期越长，频率越低，交流电变化越慢。（　　）
5. 【单选题】电路的作用是实现电能的（　　）。
   A. 传输　　　　　　　　　　　　B. 转换
   C. 传输和转换　　　　　　　　　D. 不确定
6. 【单选题】凡电路中的电流，电压的大小和方向随时间而（　　）的称为稳恒电流，简称直流。
   A. 大小变，方向不变　　　　　　B. 大小不变，方向变
   C. 大小方向都不变　　　　　　　D. 大小方向都变
7. 【单选题】通路可以分为（　　）。
   A. 轻载、满载、超载　　　　　　B. 轻载、满载
   C. 轻载、超载　　　　　　　　　D. 满载、超载
8. 【单选题】在发生（　　）时，电路中电流很大，可能烧坏电源和电路中的设备。
   A. 短路　　　　　　　　　　　　B. 满载
   C. 通路　　　　　　　　　　　　D. 开路
9. 【单选题】短路时电源（　　）负载，由导线构成（　　）。

A. 连接，通路 B. 未连接，通路
C. 连接，断路 D. 未连接，断路

10.【单选题】体现磁场能量的二端元件是(　　)。
A. 电容元件 B. 电阻元件
C. 电感元件 D. 电磁感应器

11.【单选题】电阻中流过的电流值与电阻两端的电压值成(　　)。
A. 正比 B. 反比
C. 不确定 D. 没有关系

12.【单选题】为了方便计算正弦交流电做的功，引入(　　)量值。
A. 实验值 B. 测量值
C. 计算值 D. 有效值

13.【多选题】下列说法正确的是(　　)。
A. 电路的作用是实现电能的传输和转换
B. 电源是电路中将其他形式的能转换成电能的设备
C. 负载是将电能转换成其他形式能的装置
D. 电路是提供电流流通的路径
E. 电路不会产生磁场

14.【多选题】电路的工作状态包括(　　)。
A. 通路 B. 开路
C. 短路 D. 闭路
E. 超载

15.【多选题】通路可分为(　　)。
A. 轻载 B. 满载
C. 过载 D. 超载
E. 负载

16.【多选题】正弦交流电的三要素有(　　)。
A. 最大值 B. 频率
C. 初相 D. 周期
E. 有效值

【答案】1. √；2. ×；3. √；4. √；5. C；6. C；7. A；8. A；9. B；10. C；11. A；12. D；13. ABCD；14. ABC；15. ABD；16. ABC

考点 57：RLC 电路及功率因数的概念●

教材点睛　教材 P223～P229

1. 负载为电阻元件
(1) 电压与电流的关系：电流 I 与电压 U_R 是同频率，同相位的正弦量。
(2) 电路的功率：电阻消耗功率为有功功率。

教材点睛　教材 P223~P229（续）

2. 负载为电感元件

（1）电压与电流的关系：当电流的频率越高，感抗越大，其对电流的阻碍作用也越强，反映了电感元件有"通直阻交"的性质，在电工和电子技术中有广泛应用。

（2）电路的功率：瞬时功率并不恒等于零，而是时正时负。电感元件本身并不消耗电能，而是与电源之间进行能量交换。为了反映交换规模的大小，把瞬时功率的最大值称为无功功率，单位是乏（var），用符号 Q 表示。

3. 负载为电容元件

（1）电压与电流的关系：当 $\omega=0$ 时，对直流稳态来说电容元件相当于开路。当 $\omega\to\infty$ 时，对于极高频率的电路来说，电容元件相当于短路。在电子线路中常用电容元件来隔离直流或作高频旁通电路。

（2）电路的功率：电容元件和电感元件一样，本身并不消耗电能，只与电源间进行能量交换。

4. RLC 组成的交流电路及功率因数的概念

（1）电阻与电感串联的正弦交流电路（RL）：变压器、电动机等负载都可以看成是电阻与电感串联的电路。其阻抗三角形与电压三角形相似；但阻抗三角形不是相量三角形，不能用相量表示。

（2）电路的功率：RL 串联电路中，因电阻 R 是耗能元件，电感 L 是储能元件，所以既有有功功率，又有无功功率。电气设备的额定容量为视在功率。

（3）电阻与电容串联的正弦交流电路（RC）：线路中既有有功功率又有无功功率，整个电路的有功功率等于电阻上消耗的有功功率。

（4）电阻、电感、电容三者串联的正弦交流电路（RLC）：电路的有功功率是电阻消耗的功率，电路的无功功率等于电感和电容上的无功功率之差。

（5）提高功率因数的基本方法：①在感性负载两端并接电容器，以提高线路的功率因数，也称并联补偿。②提高用电设备本身的功率因数，从而使电路功率因数提高。③使用调相发电机提高整个电网的功率因数。

巩固练习

1.【判断题】负载为电感元件的电路功率，瞬时功率并不恒等于零，而是时正时负。　　　　　　　　　　　　　　　　　　　　　　　　　　（　　）

2.【判断题】电容元件和电感元件一样，本身并不消耗电能，只与电源间进行能量交换。　　　　　　　　　　　　　　　　　　　　　　　（　　）

3.【单选题】电容元件可视为（　　），也就是电容具有隔（　　）的作用。

　　A. 开路，交流　　　　　　　　　　B. 通路，交流
　　C. 开路，直流　　　　　　　　　　D. 通路，直流

4.【单选题】负载为电感元件时，电流的频率越高，感抗越（　　）。

　　A. 大　　　　　　　　　　　　　　B. 小

C. 不变 D. 不确定

5.【单选题】在交流电中,当电流的频率越高,感抗越(　　),对电流的阻碍作用也越(　　),所以高频电流不易通过电感元件。

A. 大,强　　　　　　　　　　　　B. 大,弱

C. 小,强　　　　　　　　　　　　D. 小,弱

6.【单选题】当(　　)时总电压超前电流,称为(　　)电路。

A. $X_L<X_C$,感性　　　　　　　B. $X_L<X_C$,容性

C. $X_L>X_C$,感性　　　　　　　D. $X_L>X_C$,容性

7.【单选题】RC振荡器属于电阻和(　　)的(　　)电路。

A. 电容,并联　　　　　　　　　　B. 电容,串联

C. 电感,并联　　　　　　　　　　D. 电感,串联

8.【多选题】提高功率因数的基本方法有(　　)。

A. 在感性负载两端并接电容器

B. 提高设备本身功率因数,合理选择使用设备

C. 使用调相发电机提高整个电网的功率因数

D. 在感性负载两端串联电容器

E. 在感性负载两端并联电容器

【答案】1.√;2.√;3.C;4.A;5.A;6.C;7.A;8.ABC

考点58:晶体二极管、三极管的基本结构及应用

教材点睛 教材 P229~P234

1. 晶体二极管基本结构及应用

(1) PN结的单向导电性:当在PN结上加正向电压时,PN结呈现低电阻,处于导通状态;当PN结上加反向电压时,PN呈现高电阻,处于截止状态。

(2) 二极管基本结构:PN结加上相应的电极引线和管壳就称为二极管。按结构分,二极管有点接触型、面接触型和平面型三类。

(3) 稳压二极管利用二极管的反向特性,当电压超过稳压二极管的击穿电压时,稳压管产生可逆击穿,当电压低于击穿电压时,稳压管又恢复正常,把电压维持在稳压管击穿电压以下,对电路起到稳压的作用,可用于整流检波、限幅、元件保护以及在数字电路中作为开关元件等。

(4) 二极管的主要参数:最大整流电流 I_{OM}、反向工作峰值电压 U_{RWM}、反向峰值电流 I_{RM}。

(5) 二极管在整流电路中的应用有:单相半波整流电路、单相桥式整流电路。

2. 晶体三极管基本结构及应用

(1) 晶体三极管的结构有平面型和合金型两类;按组成结构分为NPN型和PNP型两类。

> **教材点睛** 教材 P229～P234（续）
>
> （2）特性曲线：是用来表示该晶体管各极电压和电流之间相互关系的。它反映晶体管的性能，是分析放大电路的重要依据。最常用的是输入特性曲线和输出特性曲线。
>
> （3）晶体三极管的三种工作状态：放大区、截止区、饱和区。
>
> （4）主要参数：电流放大系数（$\bar{\beta}$、β）、集-基极反向截止电流 I_{CBO}、集-射极反向截止电流 I_{CEO}、集电极最大允许电流 I_{CM}、集-射极反向击穿电压 V_{CEO}、集电极最大允许耗散功率 P_{CM}。
>
> （5）晶体三极管的主要用途之一是利用其放大作用组成放大电路。

巩固练习

1．【判断题】将 PN 结加上相应的电极引线和管壳就称为二极管。按结构分为有点接触型、面接触型和平面接触型三类。（　　）

2．【判断题】开启电压的大小和材料、环境温度有关。（　　）

3．【判断题】最大整流电流是指二极管长时间使用时，允许流过二极管的最大正向平均电流。（　　）

4．【判断题】晶体三极管的结构目前常用的有平面型和合金型两类，不论平面型或合金型都分为 NPN 或 PNP 三层，因此又把晶体三极管分为 NPN 和 PNP 两种类型。（　　）

5．【单选题】开启电压的大小和（　　）有关。

　　A．材料　　　　　　　　　　　　B．环境温度

　　C．环境湿度　　　　　　　　　　D．材料和环境温度

6．【单选题】在饱和区内，当（　　）时候，集电结处于正向偏置，晶体管处于饱和状态。

　　A．$U_{CE} < U_{BE}$　　　　　　　　B．$U_{CE} > U_{BE}$

　　C．$U_{CE} = U_{BE}$　　　　　　　　D．$U_{CE} \geq U_{BE}$

7．【单选题】晶体三极管的特性曲线是用来表示该晶体管各极（　　）之间相互关系的，它反映晶体管的性能，是分析放大电路的重要依据。

　　A．电压和电流　　　　　　　　　B．电压和电阻

　　C．电流和电阻　　　　　　　　　D．电压和电感

8．【单选题】晶体三极管的结构，目前常用的有（　　）种类型。

　　A．1　　　　　　　　　　　　　　B．2

　　C．3　　　　　　　　　　　　　　D．4

9．【多选题】开启电压的大小和（　　）有关。

　　A．材料　　　　　　　　　　　　B．环境温度

　　C．外加电压　　　　　　　　　　D．环境湿度

　　E．负载

10．【多选题】按结构形式划分，二极管的分类包括（　　）。

　　A．点接触型　　　　　　　　　　B．面接触型

C. 平面接触型　　　　　　　　D. 线接触型
E. 曲面接触型

【答案】1.√；2.√；3.√；4.√；5.D；6.A；7.A；8.B；9.AB；10.ABC

考点59：变压器和三相交流异步电动机的基本结构和工作原理★●

> **教材点睛**　教材 P235~P239
>
> **1. 变压器的工作原理和基本结构**
> （1）工作原理
> 1）变压器主要由铁芯和套在铁芯上的两个或多个绕组所组成。原边绕组 N_1（初级绕组）与电源相连，副边绕组 N_2（次级绕组）与负载相连。N_1 线圈数多于 N_2 线圈数，则为降压变压器，反之则为升压变压器。
> 2）变压器的工作原理：原边绕组从电源吸取电功率，以磁场为媒介，根据电磁感应原理传递到副边绕组，然后再将电功率传送到负载。
> （2）房屋建筑安装工程中采用的变压器有油浸式电力变压器和干式变压器两种类型。
> 1）变压器的绕组绝缘保护有三种形式：浸渍式、包封绕组式、气体绝缘式。
> 2）变压器铭牌的主要内容有：型号、额定容量、额定电压、额定电流、阻抗电压、线圈温升、油面温升、接线组别、冷却方式，有的还标有冷却油油号、油重和总重等数据。
>
> **2. 三相异步电动机工作原理和基本结构**
> （1）工作原理【图7-31，P237】：三相交流异步电机工作在电动机状态时，从电网输入电能转换成轴上机械能，带动生产机械以低于同步转速 n_1 的速度而旋转，其电磁转矩 T 是驱动转矩，其方向与转子转向一致。
> （2）基本结构
> 1）定子：电动机的静止部分称定子，由定子铁芯、定子绕组、机座和端盖等组成。
> 2）转子：电动机的旋转部分，由转轴、转子铁芯和转子绕组等组成。
> 3）铭牌数据：额定功率，单位为 kW；额定电压，单位为 V；额定电流，单位为 A；额定频率，50 周/s；额定转速，单位是 rad/min；绕组的相数与接法；绝缘等级及允许温升等。
> （3）电动机的启动方式主要有：直接启动、降压启动和软启动。

巩固练习

1.【判断题】三相电源绕组的连接方式有星形连接和三角形连接。　　　　　　（　　）
2.【判断题】变压器主要由铁芯和套在铁芯上的两个或多个绕组所组成，当原边绕组多于副边绕组的线圈数时为升压器，反之为降压器。　　　　　　　　　　　　　（　　）
3.【判断题】为了保证绕组有可靠的绝缘性能，变压器的绕组绝缘保护有浸渍式、包

封绕组式和气体绝缘式。（　　）

4.【判断题】房屋建筑安装工程中采用的变压器有：油浸式电力变压器、干式变压器。（　　）

5.【单选题】三相电动势一般是由三相交流发电机产生，三相交流发电机中三个绕组在空间位置上彼此相隔（　　）。

A. 30° B. 60°
C. 120° D. 180°

6.【单选题】三相交流电出现相应零值的顺序称为（　　）。

A. 相序 B. 倒序
C. 插序 D. 不确定

7.【单选题】在工程上 U、V、W 三根相线分别用（　　）颜色来区别。

A. 黄、绿、红 B. 黄、红、绿
C. 绿、黄、红 D. 绿、红、黄

8.【单选题】若三相电动势为对称三相正弦电动势，则三角形闭合回路的电动势为（　　）。

A. 无穷大 B. 零
C. 不能确定 D. 可能为零

9.【单选题】在三相电源绕组的星形连接中，没有引出中线的称为（　　）。

A. 三相三线制 B. 三相四线制
C. 三相五线制 D. 不能确定

10.【单选题】变压器主要由铁芯和套在铁芯上的（　　）绕组所组成，当原边绕组多于副边绕组的线圈数时为（　　）。

A. 两个或多个，降压器 B. 两个，降压器
C. 两个或多个，升压器 D. 两个，升压器

11.【多选题】为了保证绕组有可靠的绝缘性能，变压器的绕组绝缘保护有（　　）形式。

A. 浸渍式 B. 包封绕组式
C. 气体绝缘式 D. 液体绝缘式
E. 固体绝缘式

12.【多选题】电动机的静止部分称为定子，由（　　）组成。

A. 定子铁芯 B. 定子绕组
C. 机座 D. 端盖
E. 电机

13.【多选题】干式变压器的绕组绝缘保护形式包括（　　）。

A. 浸渍式 B. 包封绕组式
C. 气体绝缘式 D. 电镀塑料式
E. 涂漆绝缘式

14.【多选题】变压器铭牌的主要内容有（　　）。

A. 生产班组

B. 额定容量、额定电流、额定电压
C. 阻抗电压、接线组别
D. 线圈温升、油面温升、冷却方式
E. 冷却油油号、油重和总重

15.【多选题】下列关于转子说法正确的是（　　）。
A. 转子铁芯的作用是组成电动机主磁路的一部分和安放转子绕组
B. 转子是用小于0.5mm厚的冲有转子槽形的硅钢片叠压而成
C. 转子是用小于0.5mm厚相互绝缘的硅钢片叠压而成
D. 转子绕组的作用是感应电动势、流动电流并产生电磁转矩
E. 转子按其结构形式可分为绕线式转子和笼型转子两种

【答案】1. √；2. ×；3. √；4. √；5. C；6. A；7. A；8. B；9. A；10. A；11. ABC；12. ABCD；13. ABC；14. BCDE；15. ABDE

第二节　建筑设备工程的基本知识

考点60：建筑给水和排水系统的分类、应用及常用器材的选用★

> **教材点睛**　教材 P239～P241
>
> **1. 建筑给水系统的组成和分类**
> （1）组成
> 1）给水系统：一般由水源、引入管、干管、水表、支管和用水设备组成。
> 2）室内消火栓系统：主要由消防水箱、消火栓管网、消火栓箱、水泵及稳压设备等组成。
> （2）分类
> 1）建筑给水系统按供水对象，可分为生活、生产、消防三类基本给水系统。
> 2）建筑给水系统按供水形式，可分为直接供水形式、附水箱供水形式、水泵给水形式、水池、水泵和水箱联合给水形式等。
> 3）给水系统的管网布置方式：按水平干管的敷设位置，可分为上行下给式、下行上给式和环状供水式三种管网布置方式。
>
> **2. 建筑给水工程常用器材的选用**
> （1）建筑给水工程涉及人们生活用水，尤其是饮用水，其所用器材必须符合相关卫生标准。
> （2）给水工程中的运转设备（如水泵、气压给水装置）应是节能、噪声小的环保产品。
> （3）不能使用国家明令淘汰的器材（如砂型铸造的铸铁管）和限制使用的器材（如镀锌钢管）。

> **教材点睛** 教材 P239～P241(续)
>
> (4) 器材选用：普通的可选用 PPR 管、U-PVC 给水管，要求高的可选用铜管、薄壁不锈钢管等。
>
> **3. 建筑排水系统的组成和分类**
>
> (1) 排水系统：一般由污水（废水）收集器、排水管道、通气管、清通设备等组成。
>
> (2) 排水系统的分类：有分流制、合流制两类。
>
> **4. 建筑排水系统常用器材的选用**
>
> (1) 排水工程的管材要区分重力流和压力流，前者承压低、后者承压高。
>
> (2) 排水泵房的运转设备（污水泵、排风机等）应是高效节能的产品。
>
> (3) 排水管道应内壁光滑有同类材质的清通部件供应，民用建筑室内排水管材应选用有降噪功能的管材。

巩固练习

1. 【判断题】给水工程中的运转设备，应是节能、噪声小的环保产品。（　　）
2. 【判断题】建筑给水系统按供水对象，可分为居住、厂矿、绿地三类基本给水系统。（　　）
3. 【判断题】被有机杂质污染的生产污水，如符合污水净化标准，则允许与生活污水合流。（　　）
4. 【判断题】排水工程的管材要区分重力流和压力流，前者承压低、后者承压高。（　　）
5. 【判断题】上行下给供水方式：水平配水干管敷设在顶层天花板下或吊顶内。（　　）
6. 【单选题】排水系统组成不包括(　　)。
   A. 用水设备　　　　　　　　B. 污水（废水）收集器
   C. 排水管道　　　　　　　　D. 通气管、清通设备
7. 【单选题】按水平干管的敷设位置，给水系统的管网布置方式不包括(　　)。
   A. 下行上给式　　　　　　　B. 上行下给式
   C. 矩形供水式　　　　　　　D. 环状供水式
8. 【多选题】室内给水水箱的安装要求有(　　)。
   A. 设置高度按最不利处配水点计算确定
   B. 设置在便于维护、光线及通风良好且不冻结地方
   C. 与墙面净距不小于 0.7m，至结构最低点净距不小于 0.6m
   D. 钢板水箱的四周应有不小于 0.7m 的检修通道
   E. 水箱应采用柔性材质
9. 【多选题】室内给水管道的引入管道及埋地管道有(　　)的要求。
   A. 给水管与排水管平行敷设时，水平距离不得小于 1.0m

B. 引入管坡度要坡向室外，以便检修时放空室内管网的水
C. 建筑物内给水管子与排水管交叉敷设时的净距不小于 0.15m
D. 给水管在上，排水管在下
E. 埋地深度应大于当地的冻土深度

【答案】1. √；2. ×；3. √；4. √；5. √；6. A；7. C；8. ABCD；9. ABCD

考点 61：建筑电气工程的分类、组成及常用器材的选用★

教材点睛 教材 P241~P243

1. 建筑电气工程的组成分为三大部分：电气装置、布线系统、用电设备（器具）电气部分。

2. 建筑电气工程的分类

（1）按负荷工作制分类：连续工作制负荷（如泵、通风机、照明装置）；短时工作制负荷（如消防水泵、消防排烟风机）；反复短时工作制（如电梯、空调）。

（2）按供电对象负荷分类：照明负荷、动力负荷、通信及数据处理设备负荷。

（3）按负荷分级分类：一级负荷、二级负荷、三级负荷。一般民用建筑（除高层民用建筑外）的用电负荷均属三级负荷。三级负荷对供电无特殊要求，允许较长时间停电，可用单回线路供电。

3. 建筑电气工程常用器材的选用

（1）建筑电气工程器材选用的基本要领是防止发生电气火灾、防止人身电击。

（2）变压器选用干式变压器，不采用油浸式变压器，可减少集油坑等设施，也可降低火灾发生概率。

（3）高低压开关柜选型要自动化程度高，能与建筑智能化工程配套。

（4）建筑电气工程中的布线系统，导线的导体选用铜导体，线缆的保护结构（导管、槽盒）明敷的选用金属制品，即使暗敷的塑料制品也应是经认证的阻燃器材。

（5）各类灯具、各种开关插座均应符合产品制造技术标准。

（6）注意不要选用已被淘汰的产品。

巩固练习

1.【判断题】变压器选用干式变压器，可减少集油坑等设施，也可降低火灾发生概率。（ ）
2.【判断题】高低压开关柜选型要防火等级高，能与建筑智能化工程配套。（ ）
3.【判断题】布线系统应选用经认证的阻燃产品。（ ）
4.【单选题】建筑电气工程中属于反复短时工作制的电气负荷设备是（ ）。
A. 灯具 B. 水泵
C. 电梯 D. 鼓风机
5.【单选题】建筑电气工程器材选用的基本要领是防止发生电气火灾和防止（ ）。

A. 发生霉变 B. 受雨水侵袭
C. 受高温干扰 D. 人身电击

6.【单选题】建筑电气工程的组成不包括( )。
A. 布线系统 B. 电气装置
C. 发电设备 D. 用电设备（器具）

7.【单选题】建筑电气工程按负荷工作制分类不包括( )。
A. 反复短时工作制负荷 B. 连续工作制负荷
C. 长时工作制负荷 D. 短时工作制负荷

8.【单选题】下述选项中不属于用电一级负荷的是( )。
A. 中断供电时将造成人身伤亡 B. 中断供电时将造成重大政治影响
C. 中断供电时将造成重大经济损失 D. 可用单回线路供电

9.【单选题】属于短时工作制负荷的设备是( )。
A. 照明装置 B. 消防水泵
C. 通风机 D. 电梯

10.【多选题】大型计算机,除要求有不间断电源供电外,还要求电源( )。
A. 电流变化不大于±5%
B. 电压变化不大于±3%
C. 设备不运行时,总的最大谐波含量不大于5%
D. 频率变化不大于±0.5Hz
E. 设备运行时,相间不平衡电压不超过2.5%

【答案】1.√；2.×；3.√；4.C；5.D；6.C；7.C；8.D；9.B；10.BCDE

考点62：供暖系统的分类、应用及常用器材的选用

教材点睛 教材 P243~P244

1. 供暖系统的分类和应用

（1）按供暖系统供暖方法分类

1）按应用热媒分类包括：热水供暖系统、蒸汽供暖系统、热风供暖系统。

2）按个性化特征分类有：电力电热板辐射供暖装置、采用燃气的壁炉供暖装置、带有小型锅炉的热水地板供暖装置等。

（2）按热水或蒸汽供热范围分类有：集中供热系统、区域供热系统、局部供热系统。

（3）按散热设备散热原理分类有：对流式供暖系统和辐射式供暖系统。

2. 供暖系统常用器材的选用

（1）供暖工程中使用的管材、电线等可参阅给水排水工程和建筑电气工程中的有关说明。

（2）供暖工程有关的绝热材料要符合施工设计中对防火等级的需求。

教材点睛 教材 P243~P244(续)

（3）供暖工程的热水或蒸汽系统的器材应在系统压力、温度等要求参数下能可靠安全运行。

（4）供暖工程的热水或蒸汽系统中安全阀应选经过有关认证的合格产品。

（5）热水地板供暖装置应是经许可的包括控制器在内成套供应的设施。

（6）电辐射板应是经过安全认证的合格产品，必须防触电可靠。

巩固练习

1.【判断题】热水供暖系统依循环动力不同可分为机械循环热水供暖系统和自然循环热水供暖系统。   （ ）

2.【判断题】供暖工程有关的绝热材料要符合施工设计中对防火等级的需求。（ ）

3.【单选题】供暖系统按应用热媒分类不包括（   ）。
A. 燃煤供暖系统   B. 热水供暖系统
C. 蒸汽供暖系统   D. 热风供暖系统

4.【多选题】影响散热器散热的因素有（   ）。
A. 散热器安装方式   B. 散热器组成片数
C. 管子暗装不保温   D. 散热器表面涂色
E. 安装位置

【答案】1.√；2.√；3. A；4. ABCD

考点63：通风与空调系统的分类、应用及常用器材的选用★●

教材点睛 教材 P244~P247

1. 通风系统的分类与应用

（1）根据空气流动的动力不同，通风方式可分为自然通风和机械通风两种。

（2）根据通风系统的作用范围不同，机械通风可划分为局部通风和全面通风两种。

（3）消防防排烟系统由防烟系统、排烟系统、补风系统、储烟仓及挡烟垂壁设施组成。

2. 空气调节系统的分类与应用

（1）按照使用目的分：舒适空调、工艺性空调。其中，工艺性空调分为恒温恒湿空调、净化空调、机房精密空调等系统。

（2）按照空气处理方式分：集中式（中央）空调、半集中式空调、局部式空调。

（3）按照制冷量分：大型空调机组、中型空调机组、小型空调机组。

（4）按新风量分：直流式系统、闭式系统、混合式系统。

教材点睛 教材 P244~P247(续)

(5) 按送风速度分：高速系统（主风道风速为 20~30m/s）、低速系统（主风道风速为 12m/s 以下）。

(6) 按系统工作压力分：有微压、低压、中压与高压四个类别。

3. 通风与空调系统常用器材的选用

(1) 通风与空调系统风管材料的选择应结合材料技术性能参数及工程投资综合考虑。

(2) 洁净度要求高的风管（如医院手术室的风管）可选择不锈钢薄板制作。

(3) 对输送风的清洁卫生防火要求高，是要求风管质量小，可减少建筑物荷载、减小安装空间，同时满足不燃或高阻燃消防规定和无噪声等指标，可选用复合板风管。

(4) 各种柔性软接件要选择耐火、耐酸、耐碱、耐霉变腐蚀的材料制成。

(5) 空调机、风机等设备在选型时，应充分评估设备的噪声与振动对环境的影响，选用高效率低噪声或变频调速的产品，以提高设备的工作效率，实现节能运行管理。风机的性能应符合消防、节能、环保有关国家标准和消防专项验收的要求。

巩固练习

1.【判断题】风冷式冷水机组是通过风扇冷却冷凝器中的冷冻水。　　　　　（　）

2.【判断题】VRV 空调系统是指制冷剂流量系统，它以压缩制冷剂为输送介质。
　　　　　　　　　　　　　　　　　　　　　　　　　　　　　　　　（　）

3.【判断题】风机盘管安装前必须进行节能复试检测，且宜进行水压检漏试验。
　　　　　　　　　　　　　　　　　　　　　　　　　　　　　　　　（　）

4.【单选题】空气调节系统按系统工作压力进行分类，中压系统是指工作压力 P（　）。

　A. ＞500Pa，≤1500Pa　　　　　　B. ≤500Pa
　C. ≥1500Pa　　　　　　　　　　D. ≥2000Pa

5.【单选题】空气调节系统按照制冷量划分不包括（　）。

　A. 大型空调机组　　　　　　　　B. 小型空调机组
　C. 中型空调机组　　　　　　　　D. 微型空调机组

6.【单选题】局部排风系统组成不包括（　）。

　A. 排风罩　　　　　　　　　　　B. 空气净化装置
　C. 空气加热器　　　　　　　　　D. 排风帽

7.【单选题】补风系统应直接从室外引入空气，且补风量不应小于系统排烟量的（　）。

　A. 30%　　　　　　　　　　　　B. 50%
　C. 40%　　　　　　　　　　　　D. 60%

8.【单选题】空气调节系统按照使用目的分类不包括（　）。

A. 补风空调 B. 舒适空调
C. 恒温恒湿空调 D. 工艺性空调

9.【多选题】消防防排烟系统组成包括（　　）。
A. 补风系统 B. 防烟系统
C. 挡烟垂壁设施 D. 排烟系统
E. 散烟仓

【答案】1.√；2.√；3.√；4. A；5. D；6. C；7. B；8. A；9. ABCD

考点64：自动喷水灭火系统的分类、应用及常用器材的选择★●

> **教材点睛** 教材 P247～P248
>
> **1. 自动喷水灭火系统的分类与应用**
> （1）根据洒水喷头开、闭状态分为：开式系统、闭式系统、雨淋系统和水幕系统。其中，闭式系统又分为湿式系统、干式系统、预作用系统和重复启闭预作用系统。
> （2）湿式自动喷水灭火系统是由湿式报警阀、闭式喷头和管网组成。该系统的灭火成功率比其他灭火系统高。湿式系统应用最为广泛。
> （3）干式自动喷水灭火系统由干式报警阀、闭式喷头、管道和充气设备组成。在存有可燃物或燃烧速度比较快的建筑物不宜采用。
> （4）预作用喷水灭火系统是由火灾探测系统和管网中充装有压或无压气体的闭式喷头组成的喷水灭火系统（管道内平时无水）。一般用于不允许出现水渍的重要建筑物内。
> （5）雨淋灭火系统由火灾探测系统和管道平时不充水的开式喷头喷水灭火系统等组成。一般安装在发生火灾时火势猛、蔓延速度快的场所。
> （6）水幕系统由水幕喷头、管道和控制阀组成。宜与防火带、防火卷帘配合使用，也可以单独安装使用。
> （7）自动喷水灭火系统特点：是体现"预防为主、防消结合"方针的最好措施；水利用率高，水渍损失小；有利于人员和物资的疏散；经济效益高；能够很好地协调建筑工业化、现代化与建筑防火之间的矛盾；使建筑设计具有更大的自由度和灵活性。
>
> **2. 自动喷水灭火系统常用器材的选用**
> （1）消防专用器材必须是经过强制质量认证的合格产品。产品应有检测合格证明和标识。
> （2）消防工程通用器材应符合国家制造技术标准或行业制造技术标准。
> （3）不得使用国家明令淘汰的产品或器材。

巩固练习

1.【判断题】湿式自动喷水灭火系统成功率比其他灭火系统高。　　　　　（　　）

2.【判断题】干式自动喷水灭火系统在存有可燃物或燃烧速度比较快的建筑物中不宜采用。　　　　　　　　　　　　　　　　　　　　　　　　　　（　　）

3.【判断题】预作用喷水灭火系统由火灾探测系统和管网中充装有压或无压气体的闭式喷头组成。（　　）

4.【单选题】干式自动喷水灭火系统，在报警阀的上部管道中充装（　　）。

A. 常压气体　　　　　　　　　　B. 有压气体

C. 常压的水　　　　　　　　　　D. 有压的水

5.【单选题】雨淋灭火系统一般安装在（　　）的场所。

A. 有冰冻危险

B. 发生火灾时火势猛、蔓延速度快

C. 由于过热致使管道中的水可能汽化

D. 不允许出现水渍的

6.【单选题】水幕系统组成不包括（　　）。

A. 控制阀　　　　　　　　　　　B. 管道

C. 充气设备　　　　　　　　　　D. 水幕喷头

7.【单选题】自动喷水灭火系统的特点不包括（　　）。

A. 不利于人员和物资的疏散

B. 随时警惕火灾，安全可靠

C. 使建筑设计具有更大的自由度和灵活性

D. 水利用率高，水渍损失少

8.【单选题】自动喷水灭火系统根据洒水喷头开、闭状态分类，不包括（　　）。

A. 开式系统　　　　　　　　　　B. 闭式系统

C. 雨淋系统　　　　　　　　　　D. 混合系统

9.【多选题】自动喷水灭火系统器材选用正确的有（　　）。

A. 符合国家制造技术标准

B. 消防专用器材必须是经过强制质量认证的合格产品

C. 符合防水材料检验技术标准

D. 产品应有检测合格证明和标识

E. 不使用国家明令淘汰的产品或器材

【答案】1.√；2.√；3.√；4. B；5. B；6. C；7. A；8. D；9. ABDE

考点65：智能化工程系统的分类及常用器材的选用

> **教材点睛**　教材 P248～P250
>
> **1. 智能化工程系统的分类**
>
> （1）建筑设备自动监控系统（BAS）
>
> 1）系统监控的目的是使被控对象运行安全可靠、经济有效、实现优化运行。
>
> 2）系统由计算机、现场控制器（直接数字控制器 DDC）、电量（电压、电流、频率和功率）传感器、非电量（温度、压力、液位、湿度、位移、转速、流量和风速等）

> **教材点睛** 教材 P248～P250（续）

传感器、执行器（电磁阀、电动调节阀、电动机构等）以及相关的信号和控制管线组成。

（2）信息设施系统

1）信息设施系统具有对建筑内外相关的语音、数据、图像和多媒体等形式的信息予以接受、交换、传输、处理、存储、检索和显示等功能。

2）子系统包括：信息接入系统、综合布线系统、移动通信室内信号覆盖系统、卫星通信系统、用户电话交换系统、无线对讲系统、信息网络系统、有线电视及卫星电视接收系统、公共广播系统、会议系统、信息导引及发布系统、时钟系统等。

（3）信息化应用系统包括：公共服务、智能卡应用、物业管理、信息设施运行管理、信息安全管理、通用业务和专业业务等信息化应用系统。

（4）公共安全系统

1）公共安全系统：包括火灾自动报警系统、安全技术防范系统和应急响应系统等。

2）火灾自动报警系统根据保护对象及设立的消防安全目标不同分为区域报警系统、集中报警系统、控制中心报警系统三类。

3）安全技术防范系统的子系统包括：安全防范综合管理（平台）系统、入侵和紧急报警系统、视频安防监控系统、出入口控制系统、电子巡查系统、楼宇对讲系统、停车库（场）管理系统、应急响应系统等。

（5）智能化集成系统包括智能化信息集成（平台）系统与集成信息应用系统。

（6）机房工程包括机房的结构与装修、通风和空气调节系统、供配电系统（含UPS）、照明系统、接地及防静电泄放装置、安全系统等。

2. 智能化工程常用器材的选用

（1）智能化工程的线缆及其保护结构（导管、槽盒等）的选用与建筑电气工程一致，但线缆要有屏蔽功能。

（2）智能化工程与其他建筑设备间有信号交换，要求两者接口器件都应采用标准化的器件。

（3）智能化工程选用的设备、器件要有利于软件的升级，方便维修更新。

（4）智能化工程的用户个性化需求较强，对选用的器材均须征得用户的同意。

> **巩固练习**

1.【判断题】建筑设备自动监控系统监控的目的是使被控对象运行安全可靠、经济有效，实现优化运行。（　　）

2.【判断题】信息设施系统为建筑的使用者及管理者提供信息化应用的基础条件。
（　　）

3.【单选题】信息化应用系统不包括（　　）应用系统。
A. 物业管理　　　　　　　　　　B. 智能卡
C. 信息安全管理　　　　　　　　D. 财务管理

4.【单选题】火灾自动报警系统根据保护对象及设立的消防安全目标不同分类，不包括( )。
A. 集中报警系统　　　　　　　　B. 区域报警系统
C. 分散报警系统　　　　　　　　D. 控制中心报警系统

5.【单选题】公共安全系统不包括( )。
A. 安全技术防范系统　　　　　　B. 火灾自动报警系统
C. 应急响应系统　　　　　　　　D. 多媒体处理系统

6.【多选题】建筑设备自动监控系统组成有( )。
A. 计算机　　　　　　　　　　　B. 现场控制器
C. 传感器　　　　　　　　　　　D. 执行器
E. 管控人员

【答案】1.√；2.√；3.D；4.C；5.D；6.ABCD

考点66：焊接方法分类及常用器材的选用★●

教材点睛 教材 P250～P253

1. 焊接方法的分类及应用

（1）焊接方法的分类

1）根据热源的性质、形成接头的状态及是否采用加压划分为：熔化焊、压焊、钎焊等。

2）熔化焊（不加压力）的方法有：气焊、电弧焊、埋弧焊、激光焊、电子束焊、等离子弧焊、堆焊和铝热焊等。

3）压焊（加压力）的方法有：爆炸焊、冷压焊、摩擦焊、扩散焊、超声波焊、高频焊和电阻焊等。

4）钎焊的方法包括硬钎焊、软钎焊等。

5）热塑性塑料的焊接方法分为：外加热源方式软化、机械运动方式软化、电磁作用软化等。

（2）建筑安装中常用的金属焊接方法有：焊条电弧焊、埋弧焊、气焊等，塑料焊接采用加热工具焊接。

2. 常用焊接器材的选用

（1）电焊机的选用

1）交流焊机具有结构简单、易造易修、成本低、磁偏吹小、空载损耗小、效率较高等特点，一般应用于普通构件的焊接，采用酸性焊条施焊。常用交流焊机有BX3系列产品等。

2）直流焊机电弧稳定性较好，但结构相对复杂、空载损耗较大、价格较高，易发生磁偏吹现象，适用于较重要结构的焊接，采用碱性焊条施焊。常用整流式直流焊机有ZX5系列等。

3）逆变焊机具有高效节能、体积小、功率因数高、焊接性能好等优点。常用逆变

教材点睛 教材 P250～P253(续)

焊机有 ZX7 系列产品等。

(2) 手工电弧焊机选择原则：焊条的种类；焊接电流范围和实际负载持续率；焊接现场工作条件和节能要求。

3. 焊接材料的储存保管要求

(1) 常用焊接材料分为焊条、焊丝、焊剂等。

(2) 焊材库内应划分"待检""合格""不合格"等区域，并作明显标记，焊材入库后应建立管理台账。

(3) 焊材的储存场所应保持适宜的温度及湿度，室内应保持干燥、清洁，不得存放有害介质。存储时，应离地面高 300mm、离墙壁 300mm 以上存放，以免受潮。

4. 焊接施工的注意事项【详见 P252～P253】

巩固练习

1.【判断题】钎焊的方法包括硬钎焊、软钎焊等。（　　）

2.【判断题】酸性焊条一般用于焊接低碳钢和不太重要的钢结构，应选用结构简单且价格较低的直流焊机。（　　）

3.【判断题】选用焊机时，应注意使焊机铭牌上所标注的额定电流值要大于焊接过程中的焊接电流值。（　　）

4.【单选题】根据热源的性质、形成接头的状态及是否采用加压，焊接方法的分类不包括（　　）。

　　A. 压焊　　　　　　　　　　B. 熔化焊
　　C. 软化焊　　　　　　　　　D. 钎焊

5.【单选题】直流焊机的特点不包括（　　）。

　　A. 易发生磁偏吹现象　　　　B. 电弧稳定性较好
　　C. 空载损耗较大　　　　　　D. 价格较低

6.【单选题】逆变焊机的优点不包括（　　）。

　　A. 体积小　　　　　　　　　B. 高效节能
　　C. 功率因数低　　　　　　　D. 焊接性能好

7.【单选题】焊材库内划分的区域应作明显标记，其区域不包括（　　）。

　　A. 合格　　　　　　　　　　B. 待检区
　　C. 不合格　　　　　　　　　D. 待加工

8.【单选题】气体保护电弧焊及药芯焊丝电弧焊，风速超过（　　）m/s 时，应设防风棚或采取其他防风措施。

　　A. 8　　　　　　　　　　　B. 2
　　C. 12　　　　　　　　　　 D. 6

9.【多选题】交流焊机的特点有（　　）。

　　A. 磁偏吹小　　　　　　　　B. 结构简单

C. 效率较高 D. 易造易修
E. 空载损耗大

【答案】1.√；2.×；3.√；4.C；5.D；6.C；7.D；8.B；9.ABCD

第八章 工程预算的基本知识

第一节 工程量计算

考点 67：建筑面积计算●

> **教材点睛** 教材 P254～P256
>
> 1. 应计算建筑面积的范围【P254～P255】
> 2. 下列项目不应计算建筑面积【P255～P256】

考点 68：建筑设备安装工程的工程量计算★●

> **教材点睛** 教材 P256～P258
>
> **1. 工程量的单位**
> (1) 成套设备计量单位：台
> (2) 各类电梯计量单位：部
> (3) 各类箱式配电所计量单位：套
> (4) 组合型成套箱式变电站计量单位：台
> (5) 撬块设备计量单位：套
> (6) 以体积计量的单位：立方米（m³）
> (7) 以面积计量的单位：平方米（m²）
> (8) 以长度计量的单位：米（m）
> (9) 架空线路计量单位：千米（km）
> (10) 电杆组立的计量单位：根（基）
> (11) 灯具、开关、插座计量单位：套
> (12) 阀门计量单位：个
> (13) 水表、疏水器、减压阀组合件计量单位：组
> (14) 燃气表计量单位：块（台）
> (15) 卫生洁具计量单位：组或套
> (16) 光纤连接计量单位：芯
> (17) 综合布线的跳线计量单位：条
> (18) 管线、电缆计量单位：米（m）
> (19) 各类支架制作安装以重量计，计量单位：吨（t）
> (20) 各类管线安装固定用小型支架的制作安装以重量计，计量单位：公斤（kg）
>
> **2. 主要的计量规则【P256～P258】**

巩固练习

1. 【判断题】单层建筑物高度在 2.20m 及以上者应计算半面积。（ ）
2. 【判断题】单层建筑物的建筑面积，应按其外墙勒脚以上结构外围水平面积计算。（ ）
3. 【判断题】建筑物的门厅不算建筑面积，大厅按一层计算建筑面积。（ ）
4. 【判断题】有围护结构的舞台灯光控制室，应按其围护结构外围水平面积计算。层

高在2.20m及以上者应计算全面积；层高不足2.20m的应计算1/2面积。（   ）

5.【判断题】有永久性顶盖无围护结构的场馆看台应按其顶盖水平投影面积的1/2计算。（   ）

6.【判断题】以幕墙作为围护结构的建筑物，应按幕墙外边线计算建筑面积。（   ）

7.【单选题】管内穿线的工程量，应区别线路性质、导线材质、导线截面，以（   ）为计算单位。

A. 延长米 B. 米
C. 厘米   D. 分米

8.【单选题】普通灯具安装的工程量，应区别灯具的种类、型号、规格，以（   ）为计算单位。

A. 套 B. 个
C. 盒 D. 支

9.【单选题】卫生器具组成安装以（   ）为计算单位。

A. 组 B. 个
C. 套 D. 盒

10.【单选题】有永久性顶盖的室外楼梯，应按建筑物自然层的水平投影面积的（   ）计算。

A. 1   B. 1/2
C. 1/3 D. 1/4

11.【单选题】单层建筑物的建筑面积，应按其（   ）以上结构外围水平面积计算。

A. 外墙勒脚 B. 地面
C. 室外台阶 D. 室内地面

12.【单选题】地下室、半地下室，包括相应的有永久性顶盖的出入口，应按其（   ）所围水平面积计算。

A. 外墙上口外边线 B. 外墙上口内边线
C. 内墙上口外边线 D. 内墙上口内边线

13.【单选题】建筑物的门厅（   ）建筑面积，大厅按（   ）计算建筑面积。

A. 计算，一层   B. 不计算，一层
C. 计算，地面   D. 不计算，地面

14.【单选题】以幕墙作为围护结构的建筑物，应按（   ）计算建筑面积。

A. 幕墙外边线   B. 幕墙内边线
C. 幕墙内外边线取平均值 D. 不确定

15.【单选题】高低联跨的建筑物，应以（   ）为界分别计算建筑面积。

A. 高跨结构内边线 B. 高跨结构外边线
C. 低跨结构内边线 D. 低跨结构外边线

16.【单选题】自动扶梯（   ）建筑物面积。

A. 算   B. 不算
C. 算1/2 D. 不确定

17.【多选题】各种管道长度计算时，不扣除（   ）等所占长度。

A. 阀门
C. 伸缩器
E. 水泵
B. 减压器
D. 水表

18.【多选题】风管面积计算时，不扣除(　　)等所占面积。
A. 检查孔
C. 送风口
E. 吸风口
B. 测定孔
D. 排烟阀

【答案】1. ×；2. √；3. ×；4. √；5. √；6. √；7. A；8. A；9. A；10. B；11. A；12. A；13. A；14. A；15. B；16. B；17. ABCD；18. ABCE

第二节　工程造价计价

考点 69：工程造价的构成（按费用构成要素划分）【掌握图 8-1，P259】●

考点 70：工程造价的构成（按造价形成划分）【掌握图 8-2，P262】●

考点 71：建筑安装工程费用参考计算方法【P263～P265】★●

考点 72：建筑安装工程计价参考公式【P265～P266】

考点 73：工程造价的定额计价基本知识★●

教材点睛　教材 P266～P270

1. 工程造价的定额计价（工、料、机单价计价法）包括：定额单价法和实物量法。

2. 定额计价适用于施工图预算的编制、工程的竣工结算、施工中设计变更的造价调整等。

3. 基本原理

（1）由国家建设行政主管部门依据社会生产力的发展和科技进步水平的提高定期修编劳动定额、预算定额和费用定额，定额的每个子目只指明消耗的量。

（2）各地造价管理部门参照全国统一消耗量定额的量耗，以当地的价格编制符合当地物价水平的单位估价表，作为编制当地工程造价的依据。

（3）当出现新的子目情况下，施工单位要编制工料分析单，取得发包方确认后，成为承发包双方共同遵守的单位估价表的补充，作为施工图预算编制和工程竣工结算的依据。

（4）省级主管部门应基于各地经济发展情况不同，给予定期调整，但费用的项目名称和内涵是全国一致的。

> **教材点睛** 教材 P266～P270（续）
>
> **4.** 定额单价法编制施工图预算
> （1）定额单价法是用事先编制好的分部分项的定额单价表来编制施工图预算的方法。
> （2）定额单价法计价步骤：准备资料，熟悉施工图纸→计算工程量→套用定额单价→编制工料分析表→编制说明，填写封面。
> 5.实物量法编制施工图预算【用实物工程量代替定额工程量，其他方法同定额单价法】

巩固练习

1．【判断题】工程造价中最典型的价格形式是固定价格。　　　　　　　　（　）
2．【判断题】合同定价是对工程产品供求双方责任和权利以法律形式予以确定的反映。　　　　　　　　　　　　　　　　　　　　　　　　　　　　　　（　）
3．【判断题】工程造价特点的有大额性、个别性、动态性和层次性。　　　（　）
4．【判断题】定额计价确定的是一个规则规定的计量单位具体工程子目消耗生产资源的数量。　　　　　　　　　　　　　　　　　　　　　　　　　　　　　　（　）
5．【单选题】在工程造价中，工程产品具体生产过程在（　　）阶段须投入资金计划。
　A．设计概算　　　　　　　　　　B．施工图预算
　C．合同造价　　　　　　　　　　D．期间结算
6．【单选题】在工程造价中，用以衡量、评价、完善工程设计方案的阶段是（　　）阶段。
　A．设计概算　　　　　　　　　　B．施工图预算
　C．合同造价　　　　　　　　　　D．期间结算
7．【多选题】下列属于工程造价特点的有（　　）。
　A．大额性　　　　　　　　　　　B．个别性
　C．动态性　　　　　　　　　　　D．层次性
　E．兼容性
8．【多选题】工程造价依据的复杂性特征种类繁多，包括（　　）。
　A．计算设备和工程量依据
　B．计算人工、材料、机械等实物消耗量依据
　C．计算工程单价的价格依据
　D．计算其他直接费、现场经费、间接费和工程建设其他费用依据
　E．个体差别性
9．【多选题】有效控制工程造价应体现的原则有（　　）。
　A．以设计阶段为重点的建设全过程造价控制
　B．主动控制，以取得令人满意的结果
　C．技术与经济相结合是控制工程造价最有效的手段

D. 以施工阶段为重点的建设全过程造价控制
E. 用技术控制工程造价

【答案】1.×；2.√；3.×；4.√；5.A；6.B；7.ABCDE；8.ABCD；9.ABC

考点74：工程造价的工程量清单计价基本知识★

教材点睛 教材 P271～P276

法规依据：《建设工程工程量清单计价规范》GB 50500—2013
《通用安装工程工程量计算规范》GB 50856—2013

1. 工程量清单单价法计价是根据国家统一的工程量计算规则计算工程量，采用综合单价的形式计算工程造价的方法。

2. 综合单价按照单价综合内容的不同分为：全费用综合单价和部分费用综合单价。

（1）全费用综合单价：单价中综合了人、料、机费用，企业管理费、规费、利润和税金等。

（2）部分费用综合单价：是我国现行工程量清单计价规范采用的综合单价计价方式。分部分项工程、技术措施项目单价中综合了人、料、机费用、管理费、利润以及一定范围内的风险费用综合单价的合价汇总。

3. 工程量清单的作用：是编制招标控制价、投标报价、计算工程量、支付工程款、调整合同价款、办理竣工结算以及工程索赔等的依据之一。

4. 工程量清单计价方式的使用

（1）使用国有资金投资的建设工程发承包，必须采用工程量清单计价。

（2）非国有资金投资的建设工程，宜采用工程量清单计价。

（3）分部分项工程量清单应采用综合单价计价。

（4）措施项目中的安全文明施工费、规费和税金，不得作为竞争性费用。

5. 工程量清单的编制

（1）分部分项工程量清单应包括项目编码、项目名称、项目特征、计量单位和工程量。

（2）措施项目仅列出项目编码、项目名称，未列出项目特征、计量单位和工程量计算规则的项目，编制工程量清单时，应按规范[①]附录措施项目规定的项目编码、项目名称确定。若出现本规范未列的项目，可根据工程实际情况补充。

（3）其他项目清单宜按照暂列金额、暂估价（包括材料暂估单价、工程设备暂估单价、专业工程暂估价）、计日工、总承包服务费等内容列项。未列的项目，可根据工程实际情况补充。

（4）规费项目清单应按照社会保险费（包括养老保险费、失业保险费、医疗保险费、工伤保险费、生育保险费）、住房公积金等内容列项。

（5）税金项目清单的设置内容：增值税。未列的项目应根据税务部门的规定列项。

6. 工程量清单的计价规定【详见P273～P276】

---

① 《建设工程工程量清单计价规范》GB 50500—2013。

> 巩固练习

1.【判断题】税金项目清单应包括的内容有营业税、城市维护建设税。（　　）

2.【判断题】综合单价应根据清单工程内容，确定工料机消耗量，选定工料机单价，加上费用后组成。（　　）

3.【单选题】施工排水、降水费属于（　　）。

A. 施工技术措施费　　　　　　　B. 施工组织措施费
C. 企业管理费　　　　　　　　　D. 直接工程费

4.【单选题】劳动保险费属于（　　）。

A. 规费　　　　　　　　　　　　B. 企业管理费
C. 直接费　　　　　　　　　　　D. 措施费

5.【多选题】下列（　　）属于施工技术措施费。

A. 施工排水、降水费
B. 专业工程施工技术措施费
C. 大型机械设备进出场及安拆费
D. 检验试验费
E. 安全文明施工费

6.【多选题】分部分项工程清单应包括（　　）。

A. 项目编码　　　　　　　　　　B. 项目名称
C. 项目特征　　　　　　　　　　D. 计量单位
E. 工程量

【答案】1. ×；2. √；3. A；4. B；5. ABC；6. ABCDE

第九章　计算机和相关资料信息管理软件的应用知识

第一节　WPS Office 的应用知识

考点 75：WPS Office 软件应用●

> **教材点睛**　教材 P277
>
> **1. WPS Office 软件主要包含**：WPS 文字、WPS 表格、WPS 演示三大功能模块。
> **2. 基本操作程序【P277】**

第二节　BIM 的应用知识

考点 76：BIM 软件应用

> **教材点睛**　教材 P278～P280
>
> **1. BIM**（建筑信息模型）：是一种数字信息的应用，也是一种可以用于勘察、规划、设计、施工、运维管理的数字化方法。
> **2. BIM 技术的特点**：有可视化、协调性、模拟性、优化性、可出图性、一体化性、参数化性、信息完备性八大特点。
> **3. BIM 技术在安装工程中的应用**
> （1）BIM 应用大致分为：深化设计、工艺模拟、进度管理、质量管理、工厂加工、造价管理等。
> （2）根据设计文件，建立 3D 模型，进行综合布线设计，检查、解决如管线碰撞等设计问题。
> （3）基于 BIM 模型生成管道、支吊架等复杂工件的加工图纸，编制加工计划，进行工厂加工。
> （4）利用 BIM 软件进行机电工程的 4D 模拟，指导现场施工。
> （5）基于智慧工地平台对施工过程管理，记录相关信息，归档整理后形成竣工模型，交付运维平台使用。
> **4. BIM 技术应用点**：主要有 BIM 图纸校核、施工深化设计、施工方案模拟、施工进度管理、施工现场质量与安全管理、工程量管理、设备和材料管理、竣工模型构建与运维数据传递、三维激光扫描、无人机倾斜摄影、BIM-1-VR、BIM 协同管理平台、智慧工地管理平台等。

第三节 常见资料管理软件的应用知识

考点 77：资料管理软件应用●

教材点睛 教材 P280～P281

1. 常用资料管理软件类型：总体分为建筑云资料软件和建筑资料软件两类。

2. 施工资料软件的功能：自动填表、导入和导出、智能评定、自动计算、逐级生成验收数据、图形编辑、施工日志、工程表格批量打印、查阅相关法律法规规范等。

3. 编制表格的基本流程

（1）新建工程资料：软件登录→分部工程选择→工程概况输入→创建表格。

（2）填写检验批表格：打开表格，进入编辑状态→自动导入工程概况信息→数据输入→检验结果。

4. 软件使用注意事项

（1）选择工程资料管理软件时，要注意其所含内容是否符合现行的法律、法规的规定和技术标准、规范的要求，即软件应是正版产品。

（2）资料管理软件使用前要认真阅读供应商提供的相关软件手册，避免发生使用中的失误。

（3）工程资料管理软件形成的工程资料应符合国家现行规范标准，在使用过程中，应及时更新或升级软件。

（4）在资料编辑中需要填入的数据必须为现场真实测量所得的数。

巩固练习

1.【判断题】办公自动化系统是建筑智能化工程的一个分系统，其基本工具 Office 是微软公司开发的办公软件套装。（　　）

2.【判断题】文件扩展名也称为文件的后缀名，是操作系统用来标志文件类型的一种机制。（　　）

3.【判断题】Project 软件是一个电子表格软件，可以用来制作电子表格、完成许多复杂的数据运算，进行数据的分析和预测并且具有强大的制作图表的功能。（　　）

4.【判断题】BIM（建筑信息模型）是一种数字信息的应用，也是一种可以用于勘察、规划、设计、施工、运维管理的数字化方法。（　　）

5.【判断题】选择购入工程资料管理软件时，要注意其所含内容是否符合现行的法律、法规的规定和技术标准、规范的要求，即软件应是有效版本。（　　）

6.【单选题】施工资料管理软件能够依据国家标准规定数据对检验批等级作出评定、标识指的是（　　）功能。

A. 智能评定　　　　　　　　　　B. 自动计算
C. 图形编辑　　　　　　　　　　D. 电子归档

7.【单选题】(　　)是一个电子表格软件，可以用来制作电子表格、完成许多复杂的数据运算，进行数据的分析和预测并且具有强大的制作图表的功能。

A. Project　　　　　　　　　　B. Excel
C. AutoCAD　　　　　　　　　　D. PKPM

8.【单选题】在工作中经常需要编写各类文本，(　　)提供了许多易于使用的文档创建工具，同时也提供了丰富的功能集供创建复杂的文档使用。

A. PKPM　　　　　　　　　　　B. Excel
C. Word　　　　　　　　　　　D. Project

9.【单选题】BIM 技术的特点不包括(　　)。

A. 模拟性　　　　　　　　　　B. 参数化性
C. 信息完备性　　　　　　　　D. 实用性

10.【多选题】填写检验批表格的步骤：双击某验收部位的检验批表格，进入表格编辑状态，然后再(　　)。

A. 自动导入表头信息　　　　　B. 数据生成
C. 评定等级　　　　　　　　　D. 确定批数
E. 验收人员审核

11.【多选题】当前设备安装工程的施工规范和相关的技术标准正处于更迭的频繁期间，对已使用的工程资料管理软件要进行鉴别并及时更新或升级，原因是(　　)必然会发生变化。

A. 技术要求　　　　　　　　　B. 技术数据
C. 推荐表式　　　　　　　　　D. 科学发展
E. 表格编号

12.【多选题】新建工程资料操作步骤包括：软件登录、(　　)四步骤。

A. 专业选择　　　　　　　　　B. 双击右键
C. 工程概况输入　　　　　　　D. 创建表格
E. 施工单位选择

13.【多选题】施工资料管理软件的主要功能有智能评定、自动计算、逐级生成验收数据、(　　)等。

A. 填表示例　　　　　　　　　B. 图形编辑
C. 施工日志　　　　　　　　　D. 电子归档
E. 验收签字

14.【多选题】施工资料管理软件逐级生成验收数据功能具有：依据检验批结论自动生成(　　)质量评定数据和等级的功能。

A. 分项工程　　　　　　　　　B. 分部工程
C. 检验批数　　　　　　　　　D. 单位工程
E. 验收人签字

【答案】1. √；2. √；3. ×；4. √；5. √；6. A；7. B；8. C；9. D；10. ABC；11. ABC；12. ACD；13. ABCD；14. AB

第十章 施工测量的基本知识

第一节 测量基本工作

考点78：水准仪、经纬仪、全站仪、测距仪、红外线激光水平仪的使用★●

> **教材点睛** 教材 P282~P285

1. 水准仪

（1）水准仪的使用包括：水准仪的安置、粗平、瞄准、精平、读数五个步骤。

（2）注意事项：①仪器应安置在地势平坦、土质坚实，能通视到所测工程实体的位置；②为满足测量高度上的需要，可将1m长的钢板尺用螺栓或铆钉固定在铝合金型材上，替代塔尺。

2. 经纬仪

（1）经纬仪主要用于测量纵、横中心线以及垂直角度，建立测量控制网并在过程中进行测量控制。

（2）房屋建筑安装工程中经纬仪的使用

1）室外工程的管沟、电缆沟的放线；

2）垂直敷设的较高管道、风管的垂直度控制。

3. 全站仪

（1）全站型电子速测仪（简称：全站仪）：由光电测距仪、电子经纬仪和数据处理系统组成。

（2）全站仪的功能：可同时进行角度（水平角、竖直角）测量、距离（斜距、平距、高差）测量和数据的存储处理，自动用数字显示结果，并能与磁卡和微机等外部设备交互通信、传输数据。

（3）全站仪的应用：建筑工程平面控制网水平距离的测设、安装控制网的测设、建安过程中水平距离的测量等。

4. 测距仪

（1）测距仪的种类有：红外光电测距仪、手持式激光测距仪等，其中手持式激光测距仪应用最为广泛。

（2）适用于房地产测绘、建筑施工测量、室内装饰测量、电力线路测量和工业安装测量等。

（3）注意事项：①使用时不要通过光学镜片直视激光束，或把激光束直接打到光滑的金属表面，防止伤害眼睛。②注意使用的环境，不要在雨雪天使用，以免影响测量精度。

> **教材点睛** 教材 P282~P285（续）

5. 红外线激光水平仪：测量小角度的常用量具。常用于测量相对于水平位置的倾斜角、设备导轨的平面度和直线度、设备安装的水平位置和垂直位置等。红外线激光水平仪操作方便，具有自动校正系统。

考点 79：测量原理及测量要点●

> **教材点睛** 教材 P285~P287

1. 测量原理

（1）水准测量原理是利用水准仪和水准标尺，根据水平视线原理测定两点高差。

（2）基准线测量原理是利用经纬仪和检定钢尺，根据两点成一直线原理测定基准线。

2. 测量要点

（1）水准测量要点

1）水准点桩可用大木桩（顶面 10cm×10cm）打入地下，顶部用半球状钢钉标定，并编号；同时在施工设计总平面上标示位置及高程。

2）在测量转点处要设置水准尺的尺垫，以防止观测中水准尺下沉而影响读数的准确性。

3）要使用经过检验和校正的仪器、设备，使用完毕，注意保护仪器设备，存放妥善。

4）水准测量记录要及时、规范、清晰。

（2）距离测量要点

1）距离测量的精度用相对误差（相对精度）表示，即距离测量的误差同该距离长度的比值，比值越小，距离测量的精度越高。

2）距离测量常用的方法有：丈量法（量尺量距）、视距法、视差法和光电法等。其中，光电测距具有测程长、精度高、操作简便、自动化程度高的优点。

（3）角度测量要点

1）角度测量有水平角测量和竖直角测量两种。

2）使用经纬仪测角度要控制角度误差，角度误差由仪器误差、目标偏心误差、观测误差形成。

3）测量角度要注意环境条件的符合性，因为天气的变化、植被的不同、地面土质松紧的差异、地形的起伏，以及周围建筑物的状况等都会影响仪器的稳定和观测者的读数，使测角精度达不到要求。

4）要设计合理的测量角度记录表式，使之清晰、规范、方便记录和计算。

> 巩固练习

1.【判断题】水准仪的正确性和精度取决于带有目镜、物镜的望远镜光轴的水平度。( )
2.【判断题】经纬仪能够在三维方向转动。( )
3.【判断题】全站仪由光电测距仪、电子经纬仪和数据处理系统组成。( )
4.【判断题】水准仪用于平整场所的视距法测量距离。( )
5.【单选题】水准仪的主要使用步骤是( )。
A. 安置仪器、初步整平、精确整平、瞄准水准尺、读数、记录、计算
B. 安置仪器、初步整平、瞄准水准尺、精确整平、读数、记录、计算
C. 安置仪器、精确整平、初步整平、瞄准水准尺、读数、记录、计算
D. 安置仪器、初步整平、瞄准水准尺、读数、精确整平、记录、计算
6.【单选题】房屋建筑安装工程中应用水准仪主要是为了测量( )。
A. 标高   B. 水平线
C. 标高和找水平线   D. 角度
7.【单选题】全站仪由( )部分组成。
A. 1   B. 2
C. 3   D. 4
8.【单选题】坡度较大场所用经纬仪采用视距法测量( )。
A. 水平距离   B. 竖直距离
C. 高度   D. 角度
9.【多选题】全站仪由( )组成。
A. 对光螺旋   B. 光电测距仪
C. 电子经纬仪   D. 数据处理系统
E. 照准部水准器

【答案】1.√；2.√；3.√；4.√；5.B；6.C；7.C；8.A；9.BCD

第二节　安装测量的知识

考点 80：安装测量基本工作●

> **教材点睛**　教材 P287～P288
>
> **1. 工程测量的程序**：建立测量控制网→设置纵横中心线→设置标高基准点→设置沉降观测点→设置过程检测控制点→实测记录。
> **2. 工程测量的方法**
> （1）工程测量分为：平面控制测量和高程控制测量。

> **教材点睛** 教材 P287~P288（续）

(2) 测量工作必须遵循"从整体到局部，先控制后碎部"的原则。

(3) 平面控制测量常用方法：三角测量法、导线测量法、三边测量法、交会法定点测量法等。

(4) 高程控制测量方法：水准测量法、电磁波测距三角高程测量法、气压高程测量法、GPS 测量法等。

3. 测量注意事项

(1) 望远镜视线水平是水准测量过程中的关键操作。

(2) 水准点应选在土质坚硬、便于长期保持和使用方便的地点，一个测区及其周围至少应有 3 个水准点。

(3) 水准观测应在标石埋设稳定后进行。两次观测高差较大超限时应重测；在其较差均不超过限值时，应取三次结果数的平均值。在设备安装期间水准观测应连续进行。

(4) 高程控制测量通常采用 S3 光学经纬仪，可用于建筑工程测量控制网标高基准点的测设及厂房、大型设备的基础沉降观测等，也可在设备安装工程中，用于连续生产线设备测量控制网标高基准点的测设和安装过程中对设备标高的控制。

(5) 沉降观测一般采用二等水准测量方法，每隔适当距离选定一个基准点与起算基准点组成水准环线。

考点 81：安装工程测量要点●

> **教材点睛** 教材 P288~P289

1. 室外工程

(1) 给水、排水工程中的测量项目：管道管沟定线、定位；开挖土方测量；沟底标高及管顶标高测定；重力流排水管道测量其坡度和坡向控制。

(2) 建筑电气工程中的测量项目：架空线路测定及电杆定位测量；直埋敷设电缆的电缆沟定线、定位；管沟开挖后的沟底标高测定；挖填土方量的测量。

(3) 室外设备安装中的测量项目：设备基础标高及其纵横中心的正确度复核，含安装在屋顶上的设备基础在内。

2. 室内工程

(1) 给水、排水工程中的测量项目：给水水平管道的标高测量，垂直管道的垂直度测量；排水横管的标高测量及坡度坡向测量，排水垂直管道的垂直度测量；给水水泵、气压给水设备、水箱等基础的标高和中心线复核。

(2) 建筑电气工程中的测量项目：变配电设备的基础标高和中心线复核以及变配电盘柜安装垂直度测量；电缆梯架、托盘、槽盒等的标高测量；地下车库日光灯光带直线度定位。

(3) 通风与空调工程中的测量项目：风机、冷水机组、水泵等设备基础的标高及中心线复核；风管水平段的标高测量、垂直段的垂直度测量；大空间内散流器直线度定位，带有装饰要求的出风口、回风口等位置定位。

考点 82：安装定位，找正找平 ★

> **教材点睛** 教材 P289~P291

1. 设备找正找平工作内容："三找"，即找中心、找标高和找水平。

2. 设备中心找正的方法有钢板尺、线锤测量法和边线悬挂法。

3. 安装定位

（1）房屋建筑设备安装工程施工前的准备工作中关键要做好深化设计工作，其中重要的一项是把施工设计图上未作详细定位的小设备、支管的位置确定下来，包括安装中心线和标高，经原设计单位确认后，才可正式施工，采用 BIM 技术做深化设计，其效果更好。

（2）房屋建筑安装工程中设备基础的中心线放线，有单个设备基础放线和多个成排的并列基础放线两种情况。

1）单个设备基础放线，可依据设备安装图示中心线位置，用钢盘尺和墨斗尺量弹线，再对基础标高进行复核。

2）多个成排的并列基础，除依据建筑物纵横轴线及标高的参考点决定设备基础中心线位置外，可使用经纬仪或其他准直仪定位，使各个单体设备的横向中心线均在同一条直线上。

4. 找平找正

（1）基准的选择应该遵循基准重合的原则，以减少检测工作的误差。

（2）设备符合要求的表面包括：设备的主要工作面、支持滑动部件的导向面、转动部件的配合面或轴线、设备上应为水平或铅直的主要轮廓或中心线、设备上加工精度较高的表面等。

（3）安装的基准点测量点，一般选择设备的主要工作面，连续运输设备和金属结构上的测点宜选在可调整的部位，两侧点间距不宜大于 6m。管线施工时应设置临时测量点。

（4）地下管线必须在回填前，测量出起、止点，窨井的坐标和管顶标高。

5. 设备基础质量标准：《混凝土结构工程施工质量验收规范》GB 50204—2015

6. 设备基础常用缺陷及处理方法【表 10-2，P291】

> **巩固练习**

1.【判断题】测量工作必须遵循"从整体到局部，先控制后碎部"的原则。（　）

2.【判断题】沉降观测采用三等水准测量方法，每隔适当距离选一个基准点与起算基准点组成水准环线。（　）

3.【判断题】电缆沟的放线主要用于有特殊要求的转角确定，只要在经纬仪的水平度盘上读数就可确定。（　）

4.【判断题】房屋建筑安装工程中设备基础的中心线放线，通常有单个设备基础放线和多个成排的并列基础放线两种。（　）

5.【单选题】设备找正找平工作的"三找"不包括(　　)。
A. 找中心　　　　　　　　　　B. 找垂直
C. 找标高　　　　　　　　　　D. 找水平

6.【多选题】平面控制测量常用方法有(　　)。
A. 交会法定点测量法　　　　　B. 三角测量法
C. 气压高程测量法　　　　　　D. 导线测量法
E. 三边测量法

【答案】1.√；2.×；3.√；4.√；5.B；6.ABDE

下篇 岗位知识与专业技能

知识点导图

- **第一章 设备安装相关的管理规定和标准**
  - 第一节 施工现场安全生产的管理规定
  - 第二节 建筑工程质量管理的规定
  - 第三节 建筑与设备安装工程施工质量验收标准和规范
  - 第四节 建筑设备安装工程的管理规定

- **第二章 施工组织设计及专项施工方案的编制**
  - 第一节 建筑设备安装工程施工组织设计的内容和编制方法
  - 第二节 建筑设备安装工程专项施工方案编制的内容和编制方法
  - 第三节 建筑设备安装工程主要技术要求

- **第三章 施工进度计划的编制**
  - 第一节 施工进度计划的类型及其作用
  - 第二节 施工进度计划的表达方法
  - 第三节 施工进度计划的检查与调整

- **第四章 环境与职业健康安全管理的基本知识**
  - 第一节 建筑设备安装工程施工环境与职业健康安全管理的目标与特点
  - 第二节 建筑设备安装工程文明施工与现场环境保护的要求
  - 第三节 建筑设备安装工程施工安全危险源的识别和安全防范的重点
  - 第四节 建筑设备安装工程生产安全事故分类与处理

- **第五章 工程质量管理的基本知识**
  - 第一节 建筑设备安装工程质量管理
  - 第二节 建筑设备安装工程施工质量控制
  - 第三节 施工质量问题的处理方法

- **第六章 工程成本管理的基本知识**
  - 第一节 建筑设备安装工程成本的构成和影响因素
  - 第二节 建筑设备安装工程施工成本控制的基本内容和要求
  - 第三节 建筑设备安装工程成本控制的方法

- **第七章 常用施工机械机具**
  - 第一节 垂直运输常用机械
  - 第二节 建筑设备安装工程常用施工机械、机具

- **第八章 施工组织设计和专项施工方案的编制**

- **第九章 施工图及相关文件的识读**

- **第十章 技术交底文件的编制与实施**

- **第十一章 施工测量**

- **第十二章 施工区段和施工顺序划分**

- **第十三章 施工进度计划编制与资源平衡计算**

- **第十四章 工程量计算及工程计价**

- **第十五章 质量控制**

- **第十六章 安全控制**

- **第十七章 施工质量缺陷和危险源的分析与识别**

- **第十八章 施工质量、安全与环境问题的调查分析**

- **第十九章 施工文件及相关技术资料的编制**

- **第二十章 工程信息资料的处理**

第一章 设备安装相关的管理规定和标准

第一节 施工现场安全生产的管理规定

考点1：从业人员的安全生产权利和义务

> 教材点睛　教材 P1～P2
>
> **1. 从业人员的权利**
> （1）有依法签订合法劳动合同及取得工伤保险的权利。
> （2）对作业场所和工作岗位存在的危险因素、防范措施及事故应急措施有知情权。
> （3）对安全生产工作中存在的问题有建议、批评、举报及控告的权利。
> （4）对违章指挥和强令冒险作业有拒绝权。
> （5）在发现直接危及人身安全的紧急情况时，有停止作业、紧急撤离的权利。
>
> **2. 从业人员的义务**
> （1）在作业过程中，有遵守安全生产规章制度和操作规程，服从管理，正确佩戴劳动防护用品的义务。
> （2）有掌握本职工作所需的安全生产知识，提高安全生产技能，增强事故预防和应急处理能力的义务。
> （3）发现事故隐患或者其他不安全因素，有及时报告的义务。

巩固练习

1. 【判断题】施工作业人员是施工作业活动的重要主体。　　　　　　　　　　（　）
2. 【判断题】工作业人员有权拒绝违章指挥和强令冒险作业。　　　　　　　　（　）
3. 【单选题】属于施工作业人员权利的是（　　）。
   A. 有权获得安全防护用具和安全防护服装
   B. 正确使用安全防护用具和用品
   C. 应当遵守安全规章制度和操作规程
   D. 应当遵守安全施工的强制性标准
4. 【单选题】属于施工作业人员义务的是（　　）。
   A. 有权获得安全防护用具和安全防护服装
   B. 有权知晓危险岗位的操作规程和违章操作的危害
   C. 发生危及人身安全的情况时，有权停止作业
   D. 应当遵守安全施工的强制性标准

5.【多选题】施工作业人员的权利有（　　）。
A. 有权获得安全防护用具和安全防护服装
B. 有权知晓危险岗位的操作规程和违章操作的危害
C. 有权对存在的安全问题提出批评、检举和控告
D. 应当遵守安全施工的强制性标准
E. 应当遵守安全规章制度和操作规程

【答案】1.√；2.√；3.A；4.D；5.ABC

考点2：安全技术措施、专项施工方案和安全技术交底的规定★

> **教材点睛** 教材P2～P3

1. 安全技术措施

（1）安全技术措施费用的使用：用于安全防护用具、用品及设施的采购和更新；用于安全施工措施的落实、安全生产条件的改善；专款专用不得挪用。

（2）施工单位应根据不同施工阶段、季节、气候变化等环境条件的变化，编制施工现场的安全措施。

（3）施工现场平面布置的安全措施【详见P2】

（4）房屋建筑安装工程施工安全措施的主要关注点

① 高空作业。
② 施工机械操作。
③ 起重吊装作业。
④ 动火作业。
⑤ 有限空间作业。
⑥ 带电调试作业。
⑦ 管道及设备试压试验。
⑧ 单机试运转和联合试运行。

2. 专项施工方案的制订

（1）对危险性较大的分部分项工程要编制专项施工方案。

（2）涉及安装工程须编制专项施工方案的工程有：脚手架工程、起重吊装工程及其他危险性较大工程。

（3）专项施工方案的编审和实施

1）专项施工方案须附安全验算的结果。

2）专项施工方案编制完成后，须经施工单位技术负责人审核签字、加盖公章，再由总监理工程师审查签字、加盖执业印章后实施。

3）实施中由施工单位专职安全生产管理人员进行现场监督。

4）工程中涉及超过一定规模的危险性较大的分项分部工程的专项施工方案，施工单位还应当组织专家进行论证和审查。

3. 安全技术交底

（1）工程施工前，项目技术人员应当对有关安全施工的技术要求向施工作业班组、作业人员做详细的书面安全技术交底。交底人、被交底人和项目专职安全生产管理人员应共同签字确认、归档。

（2）交底形式可采用座谈交流、书面告知、模拟演练、样板示范等，以达到交底清楚、措施可靠、有操作性、能排除安全隐患的目的。

考点 3：危险性较大的分部分项工程的安全管理★

> 教材点睛　教材 P3
>
> **1.** 有专项的施工方案。
> **2.** 施工方案经审查批准或论证。
> **3.** 有发生事故的应急预案。
> **4.** 应急预案应经事先模拟演练。
> **5.** 方案实施时施工现场有专职安全生产管理人员进行监督。
> **6.** 经常检查（作业前、作业中）安全设施的完好状态，发现问题应停止作业，并对安全设施进行维修整改，直至完好后再进行作业。

考点 4：临时用电的安全管理规定【详见 P3～P4】★

巩固练习

1. 【判断题】施工现场暂时停止施工的，应当做好现场的防护。（　　）
2. 【判断题】对危险性较大的分部分项工程要编制专项施工方案。（　　）
3. 【单选题】不属于房屋建筑安装工程施工安全措施主要关注点的是（　　）。
   A. 高空作业　　　　　　　　　　B. 施工机械操作
   C. 动用明火作业　　　　　　　　D. 认真接受安全教育培训
4. 【单选题】不需要编制专项工程方案的工程是（　　）。
   A. 其他危险性较大的工程　　　　B. 起重吊装工程
   C. 拆除爆破工程　　　　　　　　D. 地面装修工程
5. 【单选题】属于危险性较大的分部分项工程的安全管理要求的是（　　）。
   A. 有专项的施工方案　　　　　　B. 带电调试作业
   C. 生活区的选址应符合安全性要求　D. 正确使用安全防护用具和用品
6. 【单选题】临时用电设备在（　　）或设备总容量在（　　）者，应编制临时用电施工组织设计。
   A. 5 台及 5 台以上，50kW 及 50kW 以上
   B. 4 台及 4 台以上，50kW 及 50kW 以上
   C. 5 台及 5 台以上，40kW 及 40kW 以上
   D. 6 台及 6 台以上，50kW 及 50kW 以上
7. 【单选题】应选用安全电压照明灯具，特别潮湿的场所、导电良好的场面、金属容器内等，电源电压不大于（　　）V。
   A. 12　　　　B. 24　　　　C. 36　　　　D. 60
8. 【单选题】应选用安全电压照明灯具，单相照明每一回路，灯具和插座数量不宜超过（　　）个，并装设熔断电流（　　）的熔断器保护。
   A. 20，15A 及 15A 以下　　　　B. 25，10A 及 10A 以下

C. 30，15A 及 15A 以下　　　　　　D. 25，15A 及 15A 以下

9.【多选题】房屋建筑安装工程施工安全措施的主要关注点有(　　)。
A. 高空作业　　　　　　　　　　B. 施工机械操作
C. 生活区的选址应符合安全性要求　D. 起重吊装作业
E. 在密闭容器内作业

10.【多选题】交底的形式可以是(　　)。
A. 座谈交流　　　　　　　　　　B. 书面告知
C. 模拟演练　　　　　　　　　　D. 样板示范
E. 书信告知

【答案】1.√；2.×；3. D；4. D；5. A；6. A；7. A；8. D；9. ABDE；10. ABCD

第二节　建筑工程质量管理的规定

考点5：建设工程专项质量检测、见证取样检测内容的规定★

> **教材点睛**　教材 P4~P5
>
> **1. 专项质量检测**
> （1）目的
> 1）判断工程产品的建筑原材料质量是否符合规定要求或设计标准。
> 2）判定工序是否正常，测定工序能力，进而对工序实行质量控制。
> （2）对象：建筑工程和建筑构件、制品以及建筑现场所用的有关材料和设备。
> （3）机构组成：由国家级、省级、市（地区）级、县级等四级工程质量检测机构组成。
> （4）检测机构的主要任务：接受委托，对受检对象进行检测；参加工程质量事故处理；参加仲裁检测工作；参与建筑新结构、新技术、新产品的科技成果鉴定。
> （5）法定效力：法定的检测单位出具的检测报告具有法律效力；国家级检测机构出具的检测报告，在国内为最终裁定，在国外是代表国家的裁定。
> **2. 见证取样检测**
> （1）见证取样：采集样本时，要有人监督见证取样的正确性和公正性的取样方式。
> （2）安装工程见证取样范围：涉及结构安全的试块、试件及有关材料。具体检测项目应在施工组织设计或施工方案中予以明确，经建设单位或监理单位审查通过后实施。

巩固练习

1.【判断题】建筑工程质量检测工作是建筑工程质量监督的主要手段。　　　　　(　　)
2.【判断题】专项质量检测机构由国家级、省级、市（地区）级、县级等组成。
(　　)

3. 【判断题】检测机构必须是法定的检测单位,其出具的检测报告具有法律效力。
（　　）
4. 【判断题】见证取样采集样本时,要有人监督见证取样的正确性和公正性。（　　）
5. 【单选题】建筑工程检测的目的是(　　)。
   A. 对施工计划进行验证　　　　　B. 参与新技术科技成果鉴定
   C. 保证建筑工程质量　　　　　　D. 加快施工进度
6. 【多选题】建筑工程检测的主要任务有(　　)。
   A. 对施工计划进行验证　　　　　B. 参与建筑新技术科技成果鉴定
   C. 接受委任,对检测对象进行检测　D. 参加工程质量事故处理
   E. 参加仲裁检测工作

【答案】1.×；2.√；3.√；4.√；5.C；6.BCDE

考点6：房屋建筑和市政基础设施工程竣工验收备案管理的规定

> **教材点睛** 教材 P5～P6

法规依据：《房屋建筑和市政基础设施工程竣工验收备案管理办法》
《房屋建筑和市政基础设施工程竣工验收规定》（建质〔2013〕171号）

1. 管辖

（1）国务院住房和城乡建设主管部门负责全国房屋建筑工程和市政基础设施工程的竣工验收备案管理。

（2）县级以上地方人民政府建设行政主管部门负责本行政区域内工程的竣工验收备案管理。

2. 职责

（1）建设单位应自工程竣工验收合格之日起15日内,依照规定,向工程所在地县级以上地方人民政府建设行政主管部门（备案机关）备案。

（2）工程质量监督机构应在工程竣工验收之日起5日内,向备案机关提交工程质量监督报告。

3. 竣工验收

（1）工程完工后,施工单位向建设单位提交工程竣工报告,申请工程竣工验收。实行监理的工程,工程竣工报告须经总监理工程师签署意见。

（2）建设单位收到工程竣工报告后,对符合竣工验收要求的工程,组织勘察、设计、施工、监理等单位组成验收组,制定验收方案。对于重大工程和技术复杂工程,根据需要可邀请有关专家参加验收组。

（3）建设单位应当在工程竣工验收7个工作日前将验收的时间、地点及验收组名单书面通知负责监督该工程的工程质量监督机构。

（4）建设单位组织工程竣工验收。

4. 竣工验收备案提交的文件

（1）工程竣工验收备案表

（2）工程竣工验收报告

> **教材点睛** 教材 P5～P6(续)
>
> （3）由规划、建设、环保等行政主管部门出具的规划认可、消防验收、环保验收等文件。
> （4）施工单位签署的工程质量保修书。商品住宅还应提交《住宅质量保证书》和《住宅使用说明书》。
> （5）法律、规章规定必须提供的其他文件。
> **5.** 备案机关发现建设单位在竣工验收过程中有违反国家有关建设工程质量管理规定行为的，应在收讫竣工验收备案文件 15 日内，责令停止使用，重新组织竣工验收。

考点7：房屋建筑工程质量保修范围、保修期限和违规处罚的规定★

> **教材点睛** 教材 P6～P7
>
> **1. 正常使用情况下，房屋建筑工程的最低保修期限**
> （1）地基基础工程和主体结构工程，为设计文件规定的该工程的合理使用年限。
> （2）屋面防水工程、有防水要求的卫生间、房间和外墙面的防渗漏时间为5年。
> （3）供热与供冷系统为2个供暖期、供冷期。
> （4）电气管线、给水排水管道、设备安装为2年。
> （5）装修工程为2年。
> **2. 保修程序**
> （1）建设单位或房屋所有人在保修期内发现质量缺陷，向施工单位发出保修通知书。
> （2）施工单位接保修通知书后到现场核查确认。
> （3）在保修书约定时间内施工单位实施保修修复。
> （4）保修完成后，建设单位或房屋所有人进行验收。
> （5）发生涉及结构安全的质量缺陷，建设单位或者房屋建筑所有人应当立即向当地建设行政主管部门报告，采取安全防范措施；由原设计单位或者具有相应资质等级的设计单位提出保修方案，施工单位实施保修，原工程质量监督机构负责监督。
> **3. 不属于保修的范围**
> （1）因使用不当或者第三方造成的质量缺陷。
> （2）不可抗力造成的质量缺陷。
> **4. 房地产开发企业售出的商品房保修，还应执行《城市房地产开发经营管理条例》**和其他有关规定。

巩固练习

1.【判断题】国务院建设行政主管部门负责全国房屋建筑工程和市政基础设施工程的竣工验收备案管理工作。（　　）
2.【判断题】房屋建筑安装工程的供热与供冷系统的最低保修期为2年。（　　）

3. 【单选题】地基基础工程和主体结构工程的工程质量保修期限是( )。
   A. 至少 80 年   B. 至多 90 年
   C. 至少 50 年   D. 设计文件规定的合理使用年限
4. 【单选题】电气管线、给水排水管道、设备安装工程质量保修期限为( )年；装修工程质量保修期限为( )年。
   A. 2，1   B. 3，2   C. 2，2   D. 1，2
5. 【单选题】施工单位不履行保修义务或拖延履行保修义务的，由建设行政主管部门责令改正，并处以( )的罚款。
   A. 20 万元以下   B. 15 万元以上 20 万元以下
   C. 10 万元以上 20 万元以下   D. 10 万元以上 15 万元以下
6. 【单选题】建设单位应自工程竣工验收合格之日( )日内，依照竣工验收规定，向工程所在地县级以上地方人民政府建设行政主管部门备案。
   A. 5   B. 15   C. 10   D. 8
7. 【单选题】备案机关发现建设单位在竣工验收过程中有违反国家有关建设工程质量管理规定行为的，应在收讫竣工验收备案文件( )日内，责令停止使用，重新组织竣工验收。
   A. 5   B. 15   C. 10   D. 8
8. 【多选题】单位工程验收时，建筑给水排水及供暖工程应提供的资料有( )。
   A. 给水排水及供暖工程的工程质量控制资料
   B. 给水排水及供暖工程的工程安全检验资料
   C. 给水排水及供暖工程的工程观感质量检查记录
   D. 给水排水及供暖工程的工程功能检查资料
   E. 给水排水及供暖工程的工程主要功能抽查记录

【答案】1. √；2. ×；3. D；4. C；5. C；6. B；7. B；8. ABCDE

第三节　建筑与设备安装工程施工质量验收标准和规范

考点 8：建筑与设备安装工程施工质量验收标准和规范●

> **教材点睛**　教材 P7～P9
>
> 法规依据：《建筑工程施工质量验收统一标准》GB 50300—2013（以下简称《统一标准》）
>
> **1.《统一标准》中关于建筑工程质量验收的划分、合格判定以及质量验收的程序和组织的内容**
>
> （1）适用范围：适用于建筑工程施工质量的验收。
> （2）基本结构：总则、术语（17 条）、基本规定（10 条）、建筑工程质量验收的划分（8 条）、建筑工程质量验收（8 条）、建筑工程质量验收程序和组织（6 条）。

> **教材点睛** 教材 P7~P9(续)
>
> (3) 强制性条文在《统一标准》中占比为9%。
>
> **2. 安装工程各专业施工质量验收除须遵循《统一标准》外,还须执行相关专业质量验收规范。**
>
> (1) 建筑给水、排水及供暖工程应执行的专业质量验收规范有:《建筑给水排水与节水通用规范》GB 55020—2021、《建筑给水排水及采暖工程施工质量验收规范》GB 50242—2002。
>
> (2) 建筑电气工程应执行的专业质量验收规范有:《建筑电气工程施工质量验收规范》GB 50303—2015、《建筑电气与智能化通用规范》GB 55024—2022。
>
> (3) 通风与空调工程应执行的专业质量验收规范有:《通风与空调工程施工质量验收规范》GB 50243—2016。
>
> (4) 建筑智能化工程应执行的专业质量验收规范有:《智能建筑工程质量验收规范》GB 50339—2013、《建筑电气与智能化通用规范》GB 55024—2022。
>
> (5) 自动喷水灭火系统施工应执行的专业质量验收规范有:《自动喷水灭火系统施工及验收规范》GB 50261—2017。

巩固练习

1. 【判断题】《统一标准》的附录,用以统一划分工程和统一检查记录的表式。
( )

2. 【判断题】建筑智能化工程验收应按《建筑智能化工程施工质量验收统一标准》GB 50300—2013 执行。
( )

3. 【单选题】建筑工程质量验收按( )四个层次进行。
A. 单位工程、分部工程、分项工程、检验批
B. 检验批、分部工程、单位工程
C. 质量体系、质量控制、质量验收
D. 分项工程、分部工程、单位工程

4. 【单选题】建筑工程质量验收强调( )是基础,同时体现质量控制资料在工程验收时的重要作用。
A. 检验批验收合格
B. 单位工程验收合格
C. 分部工程验收合格
D. 分项工程验收合格

【答案】1.√;2.×;3. A;4. A

第四节　建筑设备安装工程的管理规定

考点9：特种设备施工管理和检验验收的规定★●

教材点睛　教材 P9～P15

法规依据：《中华人民共和国特种设备安全法》

1. 特种设备包括：锅炉、压力容器（含气瓶）、压力管道、电梯、起重机械、客运索道、大型游乐设施、场（厂）内专用机动车辆等。

2. 特种设备生产许可实施主体和许可目录

（1）特种设备生产许可实施主体是国家市场监督管理总局和省级人民政府特种设备安全监督管理部门。

（2）特种设备生产单位许可目录规定了特种设备生产单位的许可类别、许可项目和子项目、许可参数和级别以及发证机关。

3. 特种设备生产许可条件规定：特种设备生产企业应当具有法定资质、与许可范围相适应的资源条件、保障特种设备安全性能的技术能力，建立并有效实施与许可范围相适应的质量保证体系、安全管理制度等。

4. 特种设备的生产

（1）特种设备生产单位应当保证特种设备生产符合安全技术规范及相关标准的要求，对其生产的特种设备的安全性能负责。

（2）电梯的安装、改造、修理，必须由电梯制造单位或者其委托的依照《中华人民共和国特种设备安全法》取得相应许可的单位进行。电梯制造单位对电梯安全性能负责。

（3）锅炉、压力容器（含气瓶）、压力管道等特种设备的制造过程和锅炉、压力容器（含气瓶）、压力管道、电梯、起重机械、客运索道、大型游乐设施的安装、改造、重大修理过程，应当经特种设备检验机构按照安全技术规范的要求进行监督检验；未经监督检验或者监督检验不合格的，不得出厂或者交付使用。

5. 特种设备安装、改造、修理的施工单位应当在施工前，将拟进行的特种设备安装、改造、修理情况书面告知直辖市或者设区的市级人民政府负责特种设备安全监督管理的部门，告知后即可施工。

6. 特种设备的监督检验

（1）监督检验对象是指锅炉、压力容器（含气瓶）、压力管道等特种设备制造过程和锅炉、压力容器（含气瓶）、压力管道、电梯、起重机械、客运索道、大型游乐设施的安装、改造、重大修理过程。

（2）承担监督检验的主体指由国家特种设备安全监督管理部门核准的检验机构。

（3）监督检验的主要工作内容：对受检单位基本情况检查；对设计文件、工艺文件核查；对特种设备制造、安装、改造、重大修理过程监督抽查。

（4）特种设备制造、安装、改造、重大修理监督检验项目一般分为 A 类、B 类和 C 类。

> **教材点睛** 教材 P9~P15(续)
>
> （5）特种设备制造、安装、改造、重大修理监督检验一般采用资料审查、实物检查和现场监督等方法。
>
> （6）监督检验证书及报告
>
> 1）锅炉、压力容器（含气瓶）等产品监督检验合格后，出具监督检验证书，并在铭牌上打制监督检验钢印。
>
> 2）A级高压以上电站锅炉安装、改造、重大修理监督检验合格后，出具监督检验证书和监督检验报告。
>
> 3）压力管道监检证书，还应附压力管道数据表和压力管道监督检验报告。
>
> 4）压力管道施工监检，监检人员可以在监检证书和监检报告出具前，先出具《特种设备监督检验意见通知书》，将监检初步结论书面通知建设单位和施工单位。
>
> （7）特种设备资料归档要求：特种设备安装、改造、修理竣工后，安装、改造、修理的施工单位应当在验收后30日内将相关技术资料和文件移交特种设备使用单位。

巩固练习

1.【判断题】特种设备安装、改造、维修的施工单位应当在施工前将拟进行的设备安装、改造、维修情况书面告知直辖市或者设区的市的特种设备安全监督管理部门，告知后即可施工。   （   ）

2.【单选题】特种设备锅炉是指容积不小于（   ）L 的承压蒸汽锅炉；出口水压不小于（   ）MPa（表压），且额定功率不小于（   ）MW 的承压热水锅炉。

A. 30，0.2，0.1　　　　　　　　B. 30，0.1，0.2
C. 20，0.1，0.1　　　　　　　　D. 30，0.1，0.1

3.【单选题】特种设备压力管道是指最高工作压力不小于（   ）MPa（表压），公称直径大于（   ）mm 的管道。

A. 0.2，25　　　　　　　　　　B. 0.1，50
C. 0.2，20　　　　　　　　　　D. 0.1，20

4.【单选题】对特种设备大型游乐设施的规定为，设计最大运行线速度不小于（   ）m/s，或者运行高度距地面高于或等于（   ）m。

A. 1，1　　　　　　　　　　　　B. 1，2
C. 2，1　　　　　　　　　　　　D. 2，2

5.【单选题】下列选项不属于特种设备的是（   ）。

A. 额定功率为 0.2MW 的有机热载体锅炉
B. 自动扶梯
C. 电动机
D. 电梯

6.【单选题】特种设备生产单位许可实施主体是（   ）。

A. 县级质量监督管理部门

B. 县级特种设备安全监督管理部门
C. 县级安全监督管理部门
D. 省级特种设备安全监督管理部门

7.【单选题】特种设备制造、安装、改造、重大修理监督检验项目分类不包括( )。
A. A类 B. B类
C. C类 D. D类

8.【多选题】房屋建筑安装工程中的( )由法律、法规规定的政府专门设置的授权机构实行管辖，在施工许可、质量检验、工程验收等方面的管理与其他安装工程有明显的不同。
A. 建筑电气工程安装 B. 特种设备安装
C. 消防工程安装 D. 空调工程安装
E. 建筑电气工程

9.【多选题】特种设备安装、改造、维修的施工单位应当在施工前将拟进行的特种设备安装、改造、维修情况书面告知特种设备安全监督管理部门，告知的目的是( )。
A. 便于安排现场监督和检验工作
B. 便于安全监督管理部门审查从事活动的企业资格是否符合从事活动的要求
C. 安装的设备是否由合法的生产单位制造
D. 及时掌握特种设备的动态
E. 安装单位必须具有固定的办公场所和通信地址

【答案】1.√；2. D；3. B；4. D；5. C；6. D；7. D；8. BC；9. ABCD

考点10：消防工程设施建设的规定●

> **教材点睛** 教材 P15～P17
>
> **1. 城乡规划**：规划时应对消防安全布局、消防站、消防供水、消防通信、消防通道、消防装备等内容给以充分考虑，符合法律、法规、技术标准的规定。
>
> **2. 工程设计**
> (1) 设计单位对消防设计的质量负责。
> (2) 对必须进行消防设计的建设工程，实行建设工程消防设计审查验收制度。
> (3) 对特殊建设工程，建设单位应当将消防设计文件报送住房和城乡建设部审查，住房和城乡建设部依法对审查的结果负责。
> (4) 特殊建设工程未经消防设计审查或者审查不合格的，建设单位、施工单位不得施工；其他建设工程，如建设单位未提供合格的消防设计图纸及技术资料的，有关部门不得发放施工许可证或批准开工。
>
> **3. 工程施工**
> (1) 施工单位依法对建设工程的消防施工质量负责。

> **教材点睛** 教材 P15~P17(续)

(2) 消防工程施工禁止使用不合格的消防产品以及国家明令淘汰的消防产品。

4. 消防验收

(1) 特殊建设工程竣工后，建设单位应当向住房和城乡建设主管部门申请消防验收。其他建设工程消防工程竣工验收后，建设单位应报住房和城乡建设主管部门备案，住房和城乡建设主管部门进行抽查。

(2) 消防设计审查验收主管部门应当自受理消防验收申请之日起 15 日内出具消防验收意见。

(3) 实行规划、土地、消防、人防、档案等事项联合验收的建设工程，消防验收意见由地方人民政府指定的部门统一出具。

(4) 依法应当进行消防验收的建设工程，未经消防验收或者消防验收不合格的，禁止投入使用；其他建设工程经依法抽查不合格的，应当停止使用。

(5) 消防设计审查验收主管部门应当及时将消防验收、备案和抽查情况告知消防救援机构，并与消防救援机构共享建筑平面图、消防设施平面布置图、消防设施系统图等资料。

5. 工程施工管理

(1) 从事建设工程消防施工人员，应当具备相应的专业技术能力，定期参加职业培训。

(2) 消防专业施工机具设备及检测设备的配置，必须符合消防工程项目施工内容的需要。

(3) 施工单位不得擅自改变消防设计，降低消防施工质量。

(4) 消防产品进场时应具备产品质保书、合格证及合格产品检验证明，现场监理审核合格后方可使用。

(5) 消防工程的施工质量及验收标准必须符合现行消防法规及国家相关技术标准要求。

(6) 消防工程竣工后，施工安装单位必须委托具备资格的建筑消防设施检测单位进行建筑消防设施检测，取得建筑消防设施技术测试报告。

(7) 消防安装工程施工单位在消防安装工程保修期内，应主动进行消防设施质量回访工作，及时解决运行中出现的质量问题，确保消防设施正常运行。

巩固练习

1.【判断题】特殊建设工程未经消防设计审查或者审查不合格的，建设单位、施工单位不得施工。（　）

2.【判断题】消防设计审查验收主管部门应当自受理消防验收申请之日起 5 日内出具消防验收意见。（　）

3.【判断题】不得擅自改变消防设计进行施工，降低消防施工质量。（　）

4.【单选题】消防工程中使用的火灾探测器是属于消防工程的(　　)产品。

A. 通用　　　　　　　　　　　B. 普通
C. 常用　　　　　　　　　　　D. 专用

5.【单选题】除特殊建设工程以外的其他建筑工程按照国家工程建设消防技术标准进行的消防设计，建设单位应当自依法取得施工许可之日起（　　）个工作日内，将消防设计文件报公安机关消防机构备案，公安机关消防机构应当抽查消防设计文件。

A. 5　　　　　　　　　　　　B. 6
C. 7　　　　　　　　　　　　D. 8

6.【多选题】做规划时应对（　　）等内容给以充分考虑，符合法律、法规、技术标准的规定。

A. 消防演练　　　　　　　　　B. 消防供水
C. 消防通道　　　　　　　　　D. 消防通信
E. 消防救援

【答案】1.√；2.×；3.√；4.D；5.C；6.BCD

考点 11：计量器具的检定

> **教材点睛**　教材 P17～P19
>
> **1. 计量器具**：是指能用以直接或间接测出被测对象量值的装置、仪器仪表、量具和用于统一量值的标准物质，包括计量基准、计量标准和工作计量器具。
>
> **2. 计量器具的检定**为强制检定和非强制检定两种。
>
> **3. 计量器具的校准**：对实行强制管理的计量器具目录外的计量器具，使用者可以自行校准或者委托具备相应能力的计量技术机构进行计量校准。测量标准的校准，应当由依法设置或者授权的计量技术机构实施。
>
> **4. 计量检定工作的管理**
>
> （1）企事业单位应按照《中华人民共和国计量法》等法规的要求，配备与生产、科研、经营管理相适应的计量检测设施，制定具体的检定管理办法和规章制度，规定本单位管理的计量器具明细目录及相应的检定周期，保证使用的计量器具定期检定或校准。
>
> （2）正确应用法定计量单位。
>
> （3）计量器具的使用，应具备下列条件：经计量检定合格；具有正常工作所需要的环境条件；具有称职的保存、维护、使用人员；具有完善的管理制度。

巩固练习

1.【判断题】计量器具的检定分为强制检定和非强制检定两种。　　　　　　（　　）
2.【判断题】检定包括检查、加标记和（或）出具检定证书。　　　　　　　（　　）
3.【单选题】工程建设领域形成的各类资料中的计量单位，必须采用国家制定的（　　）计量单位。

A. 法定　　　　　　　　　　　B. 规定

C. 指令 D. 科学

4.【多选题】计量器具的类别有（　　）。
A. 计量基准器具 B. 计量参考器具
C. 计量标准器具 D. 计量检定器具
E. 工作计量器具

【答案】1.√；2.√；3. A；4. ACE

考点 12：实施强制性工程建设规范的监督内容、方式、违规处罚的规定

> **教材点睛** 教材 P19
>
> **1.** 强制性工程建设规范具有强制约束力，由国务院建设行政主管部门会同国务院有关行政主管部门制定。
>
> **2.** 监督管理分为国务院建设行政主管部门、国务院有关行政主管部门、县级以上地方人民政府建设行政主管部门等三级管理。
>
> **3. 监督检查内容**
> （1）有关工程技术人员是否熟悉、掌握强制性工程建设规范的规定。
> （2）工程项目的规划、勘察、设计、施工、验收等是否符合强制性工程建设规范的规定。
> （3）工程项目采用的新技术、新工艺、新设备、新材料是否符合现行强制性工程建设规范规定，当不符合时，应当由采用单位提供经建设单位组织的、经报批准规范的建设行政主管部门或者国务院有关部门审定的技术论证文件。
> （4）工程项目的安全、质量是否符合强制性工程建设规范的规定。
> （5）工程中采用的导则、指南、手册、计算机软件的内容是否符合强制性工程建设规范的规定。
>
> **4. 职责和处罚**
> （1）任何单位和个人对违反强制性建设规范行为有权向建设行政主管部门或者有关部门检举、控告、投诉。
> （2）施工单位违反强制性工程建设规范的，责令改正，处工程合同价款 2% 以上、4% 以下的罚款；造成建设工程质量不符合质量标准的，负责返工修理，并赔偿因此造成的损失，情节严重的，责令停业整顿，降低资质等级或者吊销资质证书。

巩固练习

1.【判断题】工程建设强制性标准是指直接涉及质量、安全、卫生及环保等方面的工程建设标准强制性条文。　　　　　　　　　　　　　　　　　　　　　　（　　）

2.【单选题】施工单位违反工程建设强制性标准的，责令改正，处工程合同价款（　　）的罚款。
A. 3% 以上 4% 以下 B. 2% 以上 3% 以下

C. 2%以上4%以下　　　　　　　　D. 3%以上5%以下
3.【单选题】负责全国实施工程建设强制性标准监督管理工作的是(　　)部门。
A. 国务院建设行政主管　　　　　　B. 标准制定颁行
C. 标准规定解释　　　　　　　　　D. 质量技术监督
4.【多选题】工程建设强制性标准是指直接涉及(　　)等方面的工程建设标准强制性条文。
A. 工程质量　　　　　　　　　　　B. 工程安全
C. 卫生　　　　　　　　　　　　　D. 环境保护
E. 绿化

【答案】1. √；2. C；3. A；4. ABCD

第二章 施工组织设计及专项施工方案的编制

第一节 建筑设备安装工程施工组织设计的内容和编制方法

考点 13：施工组织设计的编制★●

> **教材点睛** 教材 P20~P23
>
> 法规依据：《建筑施工组织设计规范》GB/T 50502—2009
>
> **1. 施工组织设计分为：**施工组织总设计、单位工程施工组织设计和施工方案三种类型。
>
> **2. 施工组织设计的内容包括：**工程概况、施工部署、施工进度计划、施工准备与资源配置计划、主要施工方法、施工管理措施、技术经济指标、施工总平面布置等八个部分。
>
> **3. 编制的原则**
>
> （1）遵守现行工程建设法律法规、方针政策、标准规范的规定，符合施工合同的或招标文件中有关工期、质量、安全、环境保护、文明施工、造价等方面的要求。
>
> （2）积极开发、使用新技术和新工艺，推广应用新材料、新设备、建筑节能环保和绿色施工技术。
>
> （3）坚持科学的施工程序和合理的施工顺序，采用流水施工和网络计划等方法，科学配置资源，合理布置现场，采取季节性施工措施，实现均衡施工，达到合理的经济技术指标。
>
> （4）合理配置资源，综合平衡年度施工密度，改善劳动组织，实现连续均衡施工。
>
> （5）与质量、环境和职业健康安全三个管理体系有效结合。
>
> **4. 编制的依据：**与工程建设有关的法律、法规和文件；国家现行有关标准和技术经济指标；工程所在地行政主管部门的批准文件，建设单位对施工的要求；工程施工合同或招标投标文件或相关协议；工程设计文件；工程施工现场情况调查资料，包括工程地质及水文地质、气象等自然条件；与工程有关的资源供应情况；本企业的生产能力、机具设备状况、技术水平等。
>
> **5. 施工组织设计的编制与审批**
>
> （1）各类施工组织设计文件应严格执行编制、审核、审批程序，没有批准的施工组织设计不得实施。
>
> （2）施工组织总设计、专项施工组织设计的编制，应坚持"谁负责项目的实施，谁组织编制"的原则。
>
> （3）施工组织设计编制、审核和审批工作实行分级管理制度。

第二节 建筑设备安装工程专项施工方案编制的内容和编制方法

考点14：专项施工方案的编制★●

教材点睛 教材 P23～P24

1. 施工方案编制的指向：工程规模较大、施工难度较大、施工安全风险较大或采用新材料和新工艺的分部或分项工程。

2. 专项施工方案的内容：工程概况、确定施工程序和顺序、明确各类资源配置数量和要求、进度计划安排、质量保证措施、制定安全保证措施、明确文明施工要点和环境保护措施。

3. 施工方案的编制方法：明确要求；确定各项目标；分析实现目标可能发生的各种影响因素，综合考虑找出可行的多种施工方案；对多种方案进行评价对比；经评价对比后选择最终优化的施工方案，并形成书面文件。

4. 施工方案的审批

（1）施工方案由项目技术负责人审批。

（2）重点、难点分部（分项）工程和专项工程施工方案由施工单位技术部门组织相关专家评审，施工单位技术负责人批准。

（3）由专业承包单位施工的分部（分项）工程或专项工程的施工方案，由专业承包单位技术负责人或技术负责人授权的技术人员审批，有总承包单位时，由总承包单位项目技术负责人核准备案。

（4）规模较大的分部（分项）工程和专项工程的施工方案要按单位工程施工组织设计进行编制和审批。

（5）超过一定规模的危险性较大的分部分项工程的专项施工方案，要按法规规定组织有关专家进行论证，只有论证通过的方案才能实施。

第三节 建筑设备安装工程主要技术要求

考点15：设备安装工程主要技术要求★●【详见 P24～P27】

巩固练习

1.【判断题】施工组织设计以施工项目为对象编制的，用于指导施工的技术、经济和管理的综合性文件。　　　　　　　　　　　　　　　　　　　　　　　　　　（　　）

2.【判断题】施工方案编制的指向包括建筑电气工程在动力中心的烃配电设备安装，机场建设的电力电缆敷设，带有36kV的变配电所的调整试验等。　　　　　（　　）

3.【判断题】规模较大的分部工程和专项工程的施工方案要按单位工程施工组织设计

进行编制和审批。 ( )

4.【判断题】重点、难点分部工程和专项工程施工方案由施工单位技术部门组织相关专家评审,施工单位技术负责人批准。 ( )

5.【单选题】施工组织总设计是以( )为主要对象编制的施工组织设计。

A. 群体工程或特大型工程项目　　B. 单位工程
C. 分部工程或专项工程　　　　　D. 专项工程

6.【单选题】不属于主要施工管理计划的是( )。

A. 进度管理计划　　　　　　　　B. 成本管理计划
C. 环境管理计划　　　　　　　　D. 绿色施工管理计划

7.【单选题】生活给水管道要做好消毒工作,达到相应卫生标准,含氯消毒用水要经( )后才能排放,避免污染环境。

A. 分解　　　　　　　　　　　　B. 沉淀
C. 分离　　　　　　　　　　　　D. 中和

8.【单选题】施工规范中规定,大型灯具的固定或悬吊装置要做过载试验,大型灯具是指灯具质量大于( )kg者。

A. 10　　　　　　　　　　　　　B. 8
C. 6　　　　　　　　　　　　　 D. 5

9.【单选题】防排烟系统正压送风处的风压,防烟分区内的排烟口风速的( )应符合设计规定。

A. 比较值　　　　　　　　　　　B. 参数值
C. 平均值　　　　　　　　　　　D. 最大值

10.【多选题】建筑电气工程预埋工作量大的是预埋在建筑结构内的( )等。

A. 线路的导管　　　　　　　　　B. 照明开关盒
C. 动力开关箱　　　　　　　　　D. 电缆槽盒
E. 插座安装盒

11.【多选题】施工组织设计的类型包括( )。

A. 施工组织总设计　　　　　　　B. 施工图纸
C. 单位工程施工组织设计　　　　D. 施工方案
E. 施工要求

12.【多选题】施工准备计划包括( )。

A. 技术准备　　　　　　　　　　B. 物资准备
C. 劳动组织准备　　　　　　　　D. 施工现场准备
E. 施工技术准备

13.【多选题】确定各项管理体系的流程和措施包括( )。

A. 技术措施　　　　　　　　　　B. 质量保证措施
C. 组织措施　　　　　　　　　　D. 安全施工措施
E. 技术准备措施

14.【多选题】施工组织设计编制流程包括( )。

A. 组织编制组,明确负责人

B. 收集整理编制依据,并鉴别其完整性和真实性
C. 编制组分工,并明确初稿完成时间
D. 工程施工合同、招标投标文件或相关协议
E. 工程施工合同、招标投标文件

15.【多选题】房屋建筑设备安装工程的专项施工方案编制的指向主要是( )的分部或分项工程。

A. 施工安全风险较大 B. 工程规模较大
C. 施工难度较大 D. 采用新材料
E. 采用新工艺

【答案】 1.√;2.×;3.√;4.√;5.A;6.D;7.D;8.A;9.B;10.ABE；11.ACD；12.ABCD；13.ABCD；14.ABC；15.ABCDE

第三章 施工进度计划的编制

第一节 施工进度计划的类型及作用

考点16：施工进度计划的类型及作用

> **教材点睛** 教材 P28~P30
>
> **1. 概述**
> （1）施工进度计划指在施工过程中各个工序的安排与时间顺序，及各个工序的进度；时间坐标可以是年、季、月、旬（周）、日，按不同需要选定；进度计划起止时间可为定额工期、计算工期或合同工期。
> （2）影响安装工程进度的因素有建设项目内部和外部两个方面。【详见P28~P29】
> （3）施工进度计划的分类方式有：按工程项目分类（总进度计划、单位工程进度计划、分部分项工程施工进度计划）；按计划周期分类（年、季、月、旬、周进度计划）；按机电工程专业分类；按作用不同分类（控制性、实施性进度计划）。
> **2. 控制性进度计划的作用：** 应表达所有专业（分部）施工内容，是编制工程各专业施工进度计划的依据。
> **3. 实施性施工进度计划的作用：** 是确定施工作业的具体安排、人工、机械、材料、资金实际需求量的依据。

巩固练习

1.【判断题】施工进度计划是把预期施工完成的工作按时间坐标序列表达出来的书面文件。（　）
2.【判断题】影响安装工程进度的因素有建设项目内部和外部两个方面。（　）
3.【判断题】实施性进度计划是编制各专业施工进度计划的依据。（　）
4.【单选题】施工作业进度计划是对单位工程进度计划目标分解后的计划，可按（　）为单元进行编制。
　A. 单位工程　　　　　　　　B. 分项工程或工序
　C. 主项工程　　　　　　　　D. 分部工程
5.【多选题】施工进度计划按机电工程类别分为（　）。
　A. 给水排水工程进度计划　　B. 建筑电气工程进度计划
　C. 通风与空调工程进度计划　D. 实施性作业计划
　E. 建筑电气工程

6.【多选题】按指导施工时间长短,施工进度计划分为( )。
A. 年度计划   B. 季度计划
C. 月度计划   D. 旬或周计划
E. 总计划

【答案】1.√;2.√;3.×;4.B;5.ABC;6.ABCD

第二节 施工进度计划的表达方法

考点17:施工进度计划的表达方法●

> **教材点睛** 教材 P30~P34
>
> **1. 常用的施工组织方式有:**依次施工、平行施工和流水施工三种。
> **2. 施工进度计划表示方法**
> (1) 用文字说明、列出表格、以流水作业图表、画横道图或网络图表达安装工程进度计划。
> (2) 横道图和网络图适用于项目的总进度计划或单位工程、分部、分项工程进度计划的描述。可根据工作内容划分的粗细,按年、季、月、旬、周、日等时段来反映计划的进展程度。
> (3) 流水作业图表适用于组织流水施工的安装工程作业计划的安排,以周、日时段表示为宜。
> (4) 横道图进度计划的编制方法
> 1) 横道图是反映施工与时间关系的进度图表,其特点是简单、明了、容易掌握,便于检查和计算生产要素(资源)需求状况,又称甘特图。
> 2) 绘制步骤:列出专业或工序工作内容→确定各专业或工序间衔接关系→确定分项施工持续时间、劳动力数量→绘制横道图。
> (5) 网络计划的基本概念与识读
> 1) 网络计划有单代号网络计划、双代号网络计划、单代号搭接网络计划、双代号时标网络计划等。
> 2) 网络图的三要素:工作名称、节点、线路。
> 3) 网络图时间参数:包括各项工作的最早开始时间、最迟开始时间、最早完成时间、最迟完成时间、节点的最早时间及工作的时差(总时差、自由时差)。
> 4) 绘制原则:逻辑关系要正确,不允许出现循环回路,不能出现重复编号的节点和工作,不能出现无箭尾节点或无箭头节点的箭线,不能出现带双向箭头或无箭头的连线。
> 5) 网络图绘制图面要求:图面布局清楚合理、重点突出;尽量减少斜箭线,多采用水平箭线,避免交叉箭线的出现;出现不可避免的交叉箭线时,以图3-7【P34】所示的方法处理。

> **教材点睛** 教材 P30～P34（续）

6）网络图的绘制步骤：分析安装对象的性质，列出工作内容→确定各工作之间的相互制约和相互依赖关系→计算每件工作所需工作天数。

7）网络计划图绘制后，可以进行时间参数计算和优化，以及在实施中进行检查和调整。

巩固练习

1. 【判断题】施工进度计划表达的两种方法：横道图计划和网络计划。（ ）
2. 【判断题】在网络图中，紧邻工作箭尾节点前的工作，称该工作紧后工作。（ ）
3. 【单选题】网络图施工进度计划其基本原理为（ ）。
   A. 统一法 B. 统计法 C. 统筹法 D. 统合法
4. 【单选题】网络图绘制图面要求错误的是（ ）
   A. 图面布局清楚合理、重点突出
   B. 尽量减少斜箭线
   C. 多采用水平箭线，避免交叉箭线的出现
   D. 尽量把关键线路布置在图面靠下的位置
5. 【多选题】网络图由（ ）等基本要素组成。
   A. 工作   B. 节点
   C. 线路   D. 驻点
   E. 直线
6. 【多选题】横道图计划，又称甘特图计划，其特点是（ ）和便于计算生产资源需求。
   A. 简单   B. 工作间逻辑关系清楚
   C. 明了   D. 容易掌握
   E. 便于检查

【答案】1. √；2. ×；3. C；4. D；5. ABC；6. ACDE

第三节　施工进度计划的检查与调整

考点 18：施工进度计划的检查与调整★●

> **教材点睛** 教材 P35～P38

1. 进度控制的原理和方法

（1）基本原理包括：动态控制原理、系统原理、信息反馈原理、弹性原理和循环原理。

> **教材点睛** 教材 P35～P38（续）

（2）基本方法

1）应用循环原理进行进度计划的编制、实施、检查和调整。

2）应用系统原理落实项目部各个层面的管理人员和作业人员对进度计划编制、实施、检查和调整的责任，做到层层落实，不留空隙，使进度在有效控制下向前推进。

3）应用动态控制原理和信息反馈原理展开进度计划执行状况的检查，防止发生进度计划执行的重大偏离现象，避免项目领导层调整进度计划决策的失误或调整的时延过长。

4）应用弹性原理将进度计划中盈余时间充分利用，调整工序间可调整的搭接关系或加大工作面上资源投放强度，以充分发挥计划弹性的作用。

2. 施工进度计划的检查方法：跟踪检查、收集数据、检查记录实际进度。

3. 施工项目进度控制的方法和措施

（1）施工项目进度控制方法：主要是规划、控制和协调。

（2）施工项目进度控制的措施：包括组织措施、技术措施、合同措施、经济措施等。

4. 施工进度计划偏差的纠正办法

（1）发现有进度偏差时，需要分析该偏差对后续工作及总工期的影响，采取相应的调整措施对原进度计划进行调整。偏差分析可利用网络计划中工作总时差和自由时差的概念进行判断。

（2）主要纠正方法：调整资源配置、调整工序关系、做好各专业间的施工协调。

巩固练习

1.【判断题】施工进度计划与实施之间发生差异是不寻常现象。　　　　　　（　　）

2.【判断题】进度控制的目的是在进度计划预期目标引导下，对实际进度进行合理调节，以使实际进度符合目标要求。　　　　　　（　　）

3.【判断题】进度控制就是进行计划、实施、检查、比较分析、确定调整措施、再进行计划的一个循环过程，这个过程属于开环控制过程。　　　　　　（　　）

4.【单选题】进度控制不受以下（　　）影响。

A. 动态控制原理　　　　　　　　B. 循环原理

C. 静态控制原理　　　　　　　　D. 弹性原理

5.【单选题】进度计划调整的方法不包括（　　）。

A. 改变作业组织形式

B. 不违反工艺规律的情况下改变衔接关系

C. 修正施工方案

D. 各专业分包单位不能如期履行分包合同

6.【单选题】做好施工进度计划执行结果的检查要做好实际进度的（　　）。

A. 测量　　　　　　　　　　　　B. 观察

C. 记录 D. 统计

7. 【单选题】施工员决定对进度的计划与实际的差异进行干预前,要认真分析出现差异的( )。

A. 现象 B. 原因
C. 因素 D. 方向

8. 【单选题】施工项目进度控制的措施不包括( )。

A. 组织措施 B. 技术措施
C. 合同措施 D. 法律措施

9. 【多选题】网络图计划检查方法有( )。

A. 列表比较法 B. 前锋线比较法
C. "香蕉"形曲线比较法 D. 图表比较法
E. 节点对比法

【答案】1.×;2.√;3.×;4.C;5.D;6.D;7.B;8.D;9.ABC

第四章　环境与职业健康安全管理的基本知识

第一节　建筑设备安装工程施工环境与职业健康安全管理的目标与特点

考点 19：施工环境与职业健康安全管理目标与特点

> **教材点睛**　教材 P39~P42
>
> **1. 施工环境与职业健康安全管理的目标**
> （1）目标的制定：根据法规制定；根据行政管理要求制定；根据投标承诺制定；根据工程危害因素制定；根据同类工程经验教训制定。
> （2）目标的实施
> 1）项目经理为职业健康安全环境风险管理的第一责任人，负有建立管理体系、提出目标或确定目标，建立完善体系（程序）文件的责任，并在实施中持续改进。
> 2）管理实施中坚持"以人为本、风险化减、全员参与、管理者承诺、持续改进"的理念。
> 3）依靠项目组织结构体系分解管理目标，分层实施，用书面文件说明操作的程序和预期的结果。
>
> **2. 施工环境与职业健康安全管理特点**
> （1）施工环境管理特点
> 1）施工中主要产生的污染：水污染、大气污染、噪声污染、光污染、固体废物及放射性污染。这六类主要污染源在不同工程项目中发生的量是不同的。
> 2）项目经理部应以影响环境的有害物质为主线，进行识别、制定方案，采取针对性措施予以防治。
> （2）施工环境因素防治措施【P40~P41】
> （3）施工职业健康安全管理重点：高空作业，施工机械机具操作，起重吊装作业，动火作业，受限空间作业，带电调试作业，无损探伤作业，管道及设备的试压、冲洗、消毒作业，单机和联动试运转等。

> **巩固练习**

1.【判断题】把施工环境与职业健康安全管理目标和承诺依靠组织结构体系分解成层层可操作的活动，并用书面文件说明操作的程序和预期的结果。（　　）

2.【判断题】项目经理是职业健康安全环境风险管理组的第一责任人。（　　）

3.【判断题】工程项目部职业健康安全目标的制定应结合预估的施工过程中可能发生危害职业健康安全因素进行制定。（　　）

4.【单选题】房屋建筑设备安装中发生光污染的现象主要来源于（　　）。

A. 电焊的弧光　　　　　　　　B. 夜间施工照明

C. 照明通电试运行　　　　　　D. 气割钢板

5.【单选题】高空作业要从（　　）入手加强安全管理。

A. 作业人员的身体健康状况和配备必要的防护设施

B. 完备的操作使用规范

C. 须持证上岗的人员

D. 上岗方案的审定

6.【单选题】施工作业的安全管理重点不包括（　　）。

A. 带电调试作业

B. 管道、设备的试压、冲洗、消毒作业

C. 单机试运转

D. 双机联动试运转

7.【多选题】项目经理是职业健康安全环境风险管理组的第一责任人，负有（　　）的责任。

A. 建立管理体系　　　　　　　B. 提出目标或确定目标

C. 建立完善体系文件责任　　　D. 在实施中进行持续改进

E. 建立施工方案

8.【多选题】管道、设备的试压、冲洗、消毒作业要从（　　）等方面入手加强安全管理。

A. 完善施工方案　　　　　　　B. 危险区域标识清楚

C. 指示仪表正确有效　　　　　D. 个人防护用品齐全

E. 指示标志错误

【答案】1.√；2.√；3.√；4. A；5. A；6. D；7. ABCD；8. ABCD

第二节　建筑设备安装工程文明施工与现场环境保护的要求

考点 20：文明施工与现场环境保护

> **教材点睛**　教材 P42~P43
>
> **1. 文明施工的要求：**
> （1）文明施工管理内容包括：公示标牌、施工场地、现场围挡、材料管理、现场防火等。
> （2）文明施工要求，详见【P42~P43】。

159

> **教材点睛** 教材 P42~P43(续)
>
> **2. 施工现场环境保护的措施**：制定对重要环境因素的控制目标及管理方案；明确各级管理职责，制定预控措施；建立现场环境保护制度、应急准备与相应的管理制度；落实环境保护技术交底工作；健全环境保护信息沟通渠道，实施有效监督，做到施工全过程监控，鼓励社会监督。
>
> **3. 施工现场环境事故的处理**
>
> （1）迅速控制危险源，组织抢救遇险人员；
>
> （2）根据事故危害程度，组织现场人员撤离或者采取可能的应急措施后撤离；
>
> （3）及时通知可能受到事故影响的单位和人员；
>
> （4）采取必要措施，防止事故危害扩大和次生、衍生灾害发生；
>
> （5）根据需要请求应急救援队伍参加救援，并提供相关技术资料、信息和处置方法；
>
> （6）维护事故现场秩序，保护事故现场和相关证据；
>
> （7）法律、法规规定的其他应急救援措施。

巩固练习

1.【判断题】环境事故是指非预期的因施工发生事故或者其他突发事件，造成或者可能造成污染的事故。（   ）

2.【单选题】消防通道应形成环形，宽度不小于(   )m。

A. 3.9   B. 3
C. 2.9   D. 3.5

3.【单选题】文明施工场容管理要求不包括(   )。

A. 建立施工保护措施

B. 建立文明施工责任制，划分区域，明确管理负责人

C. 施工地点和周围清洁整齐，做到随时处理、工完场清

D. 施工现场不随意堆垃圾，要按规划地点分类堆放，定期处理，并按规定分类清理

4.【单选题】环境事故发生后的处置要求不包括(   )。

A. 建立对施工现场环境保护的制度

B. 按应急预案立即采取措施处理，防止事故扩大或发生次生灾害

C. 积极接受事故调查处理

D. 暂停相关施工作业，保护好事故现场

5.【单选题】对房屋建筑安装工程中产生的环境污染源识别后，应按程序采取的措施不包括(   )。

A. 对确定的重要环境因素制定目标、指标及管理方案

B. 暂不通报可能受到污染危害的单位和居民

C. 明确相关岗位人员和管理人员的职责

D. 建立环境保护信息沟通渠道

6.【单选题】施工现场文明管理要规范施工人员的行为,目的是提升施工单位的(   )。
   A. 知名度　　　　　　　　　B. 好客作风
   C. 外在形象　　　　　　　　D. 文明程度

7.【多选题】现场道路设置符合文明施工要求的是(   )。
   A. 所有设备吊装区设立警戒线,且标识清晰
   B. 临街处设立围挡
   C. 场区道路设置及时救治器具
   D. 场区道路设置人行通道
   E. 所有临时楼梯有扶手和安全护栏

8.【多选题】对房屋建筑安装工程中产生的环境污染源识别后,应按以下程序采取措施(   )。
   A. 对确定的重要环境因素制定目标、指标及管理方案
   B. 明确相关岗位人员和管理人员的职责
   C. 及时通报可能受到污染危害的单位和居民
   D. 建立对施工现场环境保护的制度
   E. 建立环境保护信息沟通渠道,实施有效监督,做到施工全过程监控,鼓励社会监督

【答案】1.√；2. D；3. A；4. A；5. B；6. C；7. ABDE；8. ABDE

第三节　建筑设备安装工程施工安全危险源的识别和安全防范的重点

考点 21：安全危险源识别与防范重点

> **教材点睛**　教材 P43～P44
>
> **1. 施工安全危险源的分类**
>
> （1）施工现场危险源的范围：工作场所、所进入施工现场人员的活动、项目施工机械设备、临时用电设施和消防设施、作业环境、作业人员的劳动强度、其他特殊的作业状况。
>
> （2）危险源的种类
>
> 1）第一类危险源：机械伤害、电能伤害、热能伤害、光能伤害、化学物质伤害、放射和生物伤害等。
>
> 2）第二类危险源：设备安装工程的施工工地绝大部分危险和有害因素。
>
> **2. 施工现场安全危险源辨识方法：**安全检查表法（SLC），预先危险性分析法（PHA），危险与可操作性分析法（HAZOP），故障树分析法（FTA），作业条件危险性评价法（LEC）等。

> **巩固练习**

1.【判断题】对房屋建筑安装工程中产生的环境污染源识别后，应按照有关标准要求实施对重要环境因素的预防和控制。（　　）

2.【判断题】施工现场危险源的范围只有在临时性工作场所可能存在。（　　）

3.【判断题】从安全控制要求出发，对施工现场环境条件进行识别，即对施工现场影响安全的危险源进行识别。（　　）

4.【单选题】下列危险源中，属于第一类的是（　　）。
　A. 电能伤害　　　　　　　　　　B. 人偏离标准要求的不安全行为
　C. 环境问题促使人的失误　　　　D. 物的故障发生

5.【单选题】安全事故的类别是根据事故发生的（　　）来确定的。
　A. 打击物　　　　　　　　　　　B. 伤害物
　C. 施害物　　　　　　　　　　　D. 起因物

6.【多选题】施工现场危险源的范围有（　　）。
　A. 所有进入施工现场人员的活动　　B. 工作场所
　C. 作业环境　　　　　　　　　　D. 项目部使用的相关方施工机械设备
　E. 作业人员的劳动强度

【答案】1.√；2.×；3.√；4. A；5. D；6. ABCDE

第四节　建筑设备安装工程生产安全事故分类与处理

考点22：安全事故分类与处理 ★●

> **教材点睛**　教材 P44～P47
>
> **1. 设备安装施工中常见的安全事故类别**：物体打击、机械伤害、起重伤害、灼烫、触电伤害、高处坠落、坍塌、火灾、中毒和窒息等。
>
> **2. 生产安全事故报告和调查处理**
>
> （1）事故等级分类
>
> 1）一般事故：死亡≤3人，或重伤≤10人，或100万元＜直接经济损失≤1000万元的事故。
>
> 2）较大事故：3人＜死亡≤10人，或10人＜重伤≤50人，或1000万元＜直接经济损失≤5000万元的事故；
>
> 3）重大事故：10人＜死亡≤30人，或50人＜重伤≤100人，或5000万元＜直接经济损失≤1亿元的事故；
>
> 4）特别重大事故：死亡＞30人，或重伤＞100人（包括急性工业中毒，下同），或直接经济损失＞1亿元的事故。
>
> （2）事故报告

> **教材点睛** 教材 P44~P47(续)
>
> 1) 施工单位事故报告：施工单位负责人接到报告后，应当在1h内向事故发生地县级以上人民政府建设主管部门和有关部门报告。情况紧急时，可以直接向事故发生地县级以上人民政府建设主管部门和有关部门报告。实行施工总承包的建设工程，由总承包单位负责上报事故。
>
> 2) 事故报告的内容：事故发生的时间、地点和工程项目、有关单位名称；事故的简要经过；事故已经造成或者可能造成的伤亡人数（包括下落不明的人数）和初步估计的直接经济损失；事故的初步原因；事故发生后采取的措施及事故控制情况；事故报告单位或报告人员；其他应当报告的情况。
>
> （3）事故调查处理
>
> 1) 特别重大事故由国务院或者国务院授权有关部门组织事故调查组进行调查。
>
> 2) 事故调查组的职责：查明事故发生的经过、原因、人员伤亡情况及直接经济损失；认定事故的性质和事故责任；提出对事故责任者的处理建议；总结事故教训，提出防范和整改措施；提交事故调查报告。
>
> 3) 事故调查报告报送负责事故调查的人民政府后，事故调查工作即告结束。
>
> 4) 事故发生单位应当按照负责事故调查的人民政府的批复，对本单位负有事故责任的人员进行处理。
>
> 5) 事故处理的情况由负责事故调查的人民政府或者其授权的有关部门、机构向社会公布，依法应当保密的除外。

巩固练习

1. 【判断题】事故类别是根据导致事故发生的起因物和施害物来确定的。　　（　　）

2. 【判断题】事故单位和人员应当妥善保护事故现场和相关证据，任何单位和个人不得破坏事故现场、毁灭相关证据。　　　　　　　　　　　　　　　　　　　　（　　）

3. 【单选题】起因物是指（　　）。
   A. 直接引起中毒的物体或物质　　　　B. 导致事故发生的物体和物质
   C. 直接引起伤害及中毒的物体或物质　D. 导致伤害发生的物体和物质

4. 【单选题】施害物是指（　　）。
   A. 直接引起中毒的物体或物质　　　　B. 导致事故发生的物体和物质
   C. 直接引起伤害及中毒的物体或物质　D. 导致伤害发生的物体和物质

5. 【单选题】事故报告的内容不包括（　　）。
   A. 事故发生单位概况
   B. 事故发生的时间、地点以及事故现场的情况
   C. 进行补救的措施
   D. 其他应当报告的情况

6. 【单选题】自火灾事故发生之日起（　　）日内，伤亡人数发生变化的，应当及时补报。

A. 20   B. 30   C. 14   D. 7

7.【单选题】安全事故调查处理的最终阶段的工作是(　　)。
A. 事故结案材料归档　　　　　　B. 事故结案
C. 事故责任者处理　　　　　　　D. 召集总结教训会

8.【多选题】工伤事故类别确定原则正确的有(　　)。
A. 要着重考虑导致事故发生的起因物方面因素
B. 以先发、诱导性原因为确定事故类别主要依据
C. 突出事故的专业特性
D. 突出事故发生的起因物
E. 突出事故的性质

9.【多选题】事故直接原因包含(　　)。
A. 机械、物质或环境的不安全状态　　B. 人的不安全行为
C. 技术和设计上的缺陷　　　　　　　D. 教育培训不够或未经培训
E. 技术缺陷

【答案】1.×；2.√；3.B；4.C；5.C；6.D；7.A；8.ABC；9.AB

第五章 工程质量管理的基本知识

第一节 建筑设备安装工程质量管理

考点 23：工程质量管理 ●

> **教材点睛** 教材 P48~P49
>
> **1. 工程质量管理的特点**：影响质量的因素多，容易产生质量变异，易产生第一、第二判断错误，质量检查不能解体、拆卸，质量易受投资、进度制约。
>
> **2. 施工质量的影响因素及质量管理原则**
> (1) 影响施工质量的因素包括：人员、材料、机械、方法、环境五大方面。
> (2) 质量管理的原则
> ①坚持质量第一，用户至上。②以人为核心。③以预防为主。④坚持质量标准、严格检查，一切用数据说话。⑤贯彻科学、公正、守法的职业规范。

巩固练习

1.【判断题】事后对影响施工项目质量的要素严加控制，是保证以后施工项目质量的关键。（ ）
2.【判断题】环境因素对工程质量的影响，具有复杂多变和不确定性的特点。（ ）
3.【单选题】不属于施工项目质量管理的特点有（ ）。
A. 贯彻科学、公正、守法的职业规范　　B. 影响质量的因素多
C. 质量检查不能解体、拆卸　　　　　　D. 易产生第一、第二判断错误
4.【单选题】不属于施工项目质量管理原则的是（ ）。
A. 贯彻科学、公正、守法的职业规范
B. 以人为核心，以预防为主
C. 坚持质量标准、严格检查，一切用数据说话
D. 质量易受投资、进度制约
5.【单选题】影响施工质量的因素不包括（ ）。
A. 机械　　　　　B. 人员　　　　　C. 规范　　　　　D. 材料
6.【多选题】施工项目质量管理的原则有（ ）。
A. 坚持质量第一，用户至上　　　　B. 以人为核心
C. 质量易受投资、进度制约　　　　D. 质量检查不能解体、拆卸
E. 以预防为主

【答案】1.×；2.√；3. A；4. D；5. C；6. ABE

第二节 建筑设备安装工程施工质量控制

考点 24：施工质量控制★●

> **教材点睛** 教材 P49~P54

1. 施工质量控制的基本内容和要求

（1）质量预控方案一般包括：工序名称、可能出现的质量问题、质量预控措施三部分内容。

（2）质量预控的重点包括：施工人员的控制，工程材料、设备的控制，施工机具设备的控制，施工方法的控制，施工环境的控制。

2. 施工过程质量控制的基本程序：分为事前、事中和事后三个阶段。

（1）事前质量控制重点是做好施工准备工作，包括技术准备、物资准备、组织准备、施工现场准备。

（2）事中质量控制策略是全面控制施工过程，重点控制工序质量。

（3）事后质量控制重点是发现施工质量缺陷，分析提出质量改进措施，保证质量处于受控状态。

3. 施工过程质量控制的基本方法：审核有关技术文件、报告和直接进行现场检查或必要的试验等。

（1）审核有关技术文件、报告、报表或记录【P52】

（2）现场质量检查

1）现场质量检查的内容包括：开工前检查、工序交接检查、隐蔽工程检查、停工后复工前的检查、分项、分部工程检查、成品保护检查。

2）现场质量检查的方法有目测法（看、摸、敲、照）、实测法（靠、吊、量、套）和试验法三种。

（3）实行闭环控制：应用 PDCA 循环原理，在实践中使质量控制得到有效地、不断地提高。

4. 施工过程质量控制点的确定

（1）质量控制点是指为了保证工序质量而需要进行控制的重点、关键部位或薄弱环节，以便在一定时期内、一定条件下进行强化管理，使工序处于良好的受控状态。

（2）质量控制点具有动态性。

（3）检查点控制实施"三检制"：指作业人员的"自检""互检"和专职质量员的"专检"。

（4）停止点是个特殊的点，经过试验检验确定合格后才能进入一道工序。

（5）典型特殊过程：承压件焊接、热处理、高强度螺栓连接、电镀、涂漆、铸造、锻造、压铸、粘结等。

（6）典型关键过程：大型设备吊装、设备解体安装、高压设备或高压管道耐压严密性试验、炉管胀接、球罐组对、电气调试等。

> 巩固练习

1.【判断题】施工项目质量控制的方法，主要是审核有关技术文件、报告和直接进行现场检查或必要的试验等。　　　　　　　　　　　　　　　　　　　　（　　）

2.【判断题】每个质量控制具体方法本身也是一个持续改进的课题，这就要用计划、实施、检查、处置循环原理，在实践中使质量控制得到不断提高。　　（　　）

3.【判断题】质量控制点的关键部位是施工方法。　　　　　　　　　　　（　　）

4.【判断题】检验点是个特殊的点，即这道工序未作检验，并尚未断定合格与否，是不是可进行下道工序，只有得出结论为合格者才可以进入下道工序。　　（　　）

5.【单选题】事前质量控制指在正式施工前的质量控制，其控制重点是(　　)。

A. 全面控制施工过程、重点工序质量

B. 做好施工准备工作，并要贯穿施工全过程

C. 工序交接有对策

D. 质量文件有档案

6.【单选题】施工项目质量控制主要的方法不包含(　　)。

A. 审核有关技术文件　　　　　　　　B. 报告和直接进行现场检查

C. 必要的试验　　　　　　　　　　　D. 开工前检查

7.【单选题】现场质量检查的内容不包括(　　)。

A. 开工前检查　　　　　　　　　　　B. 工序交接检查

C. 隐蔽工程检查　　　　　　　　　　D. 审核有关技术文件

8.【单选题】现场进行质量检查的方法有(　　)。

A. 看、摸、敲、照　　　　　　　　　B. 目测法、实测法和试验检查

C. 靠、吊、量、套　　　　　　　　　D. 计划、实施、检查和改进

9.【多选题】影响工程质量的因素的控制包括(　　)。

A. 人的控制　　　　　　　　　　　　B. 材料控制

C. 机械控制　　　　　　　　　　　　D. 事前控制

E. 环境控制

10.【多选题】工程质量控制包括(　　)。

A. 预算质量控制　　　　　　　　　　B. 事前质量控制

C. 事中质量控制　　　　　　　　　　D. 事后质量控制

E. 设计质量控制

【答案】1.√；2.√；3.×；4.×；5.B；6.D；7.D；8.B；9.ABCE；10.BCD

第三节 施工质量问题的处理方法

考点25：施工质量问题处理方法●

> **教材点睛** 教材 P54~P57
>
> **1. 施工质量问题的分类**
> （1）工程质量事故的特点：经济损失达到较大的金额；有时会造成人员伤亡；后果严重，影响结构安全；无法降级使用，难以修复时，必须推倒重建。
> （2）按工程质量事故造成的人员伤亡或者直接经济损失，工程质量事故分为4个等级：
> 1）特别重大事故：死亡＞30人，或重伤＞100人，或直接经济损失＞1亿元的事故；
> 2）重大事故：10人＜死亡≤30人，或50人＜重伤≤100人，或5000万元＜直接经济损失≤1亿元的事故；
> 3）较大事故：3人＜死亡≤10人，或10人＜重伤≤50人，或1000万元＜直接经济损失≤5000万元的事故；
> 4）一般事故：死亡≤3人，或重伤≤10人，或100万元＜直接经济损失≤1000万元的事故。
> （3）工程质量事故按事故责任分为三类：指导责任事故、操作责任事故和自然灾害事故。
> **2. 工程质量问题**：分为工程质量缺陷、工程质量通病、工程质量事故。
> （1）工程质量缺陷：指工程达不到技术标准要求的技术指标的现象。
> （2）建筑安装工程最常见的质量通病【P55~P56】
> **3. 施工质量问题产生的原因**
> （1）发生质量事故基本上是违反了施工质量验收规范的主控项目的规定；
> （2）质量缺陷基本上是违反了施工质量验收规范中的一般项目的有关观感的规定。
> **4. 施工质量事故的处理方法**
> （1）处理程序：事故报告→现场保护→事故调查→编写质量事故调查报告→形成事故处理报告。
> （2）处理方法包括：返修处理、加固处理、返工处理、限制使用、不作处理及报废处理。

巩固练习

1.【判断题】发生质量事故基本上是违反了施工质量验收规范的主控项目的规定，而一般的质量缺陷基本上是违反了施工质量验收规范中的一般项目的有关观感的规定。

（　　）

2.【判断题】要做好现场应急保护措施,防止因质量事故而引起更严重次生灾害而扩大损失,待有事故结论后进行处理。   (   )

3.【单选题】质量事故是(   )。

A. 由于工程质量不符合标准规定,而引起或造成规定数额以上的经济损失、导致工期严重延误,或造成人身设备安全事故、影响使用功能

B. 施工质量不符合标准规定,直接经济损失也没有超过额度,不影响使用功能和工程结构安全的,也不会有永久性不可弥补损失

C. 施工质量不符合标准规定,直接经济损失也没有超过额度,影响使用功能和工程结构安全的,也不会有永久性不可弥补损失

D. 由于工程质量符合标准规定,而引起或造成规定数额以上的经济损失、导致工期严重延误,或造成人身设备安全事故、影响使用功能

4.【单选题】质量事故的处理方式不包括(   )。

A. 返工处理
B. 返修处理
C. 报废处理
D. 形成事故质量报告

5.【单选题】工程质量问题分类不包括(   )。

A. 工程质量灾害
B. 工程质量缺陷
C. 工程质量通病
D. 工程质量事故

6.【多选题】质量事故的处理程序包括(   )。

A. 事故报告
B. 现场保护
C. 事故调查
D. 编写质量事故调查报告
E. 形成事故处理报告

【答案】1.√;2.√;3.A;4.D;5.A;6.ABCDE

第六章 工程成本管理的基本知识

第一节 建筑设备安装工程成本的构成和影响因素

考点 26：工程成本构成和影响因素 ●

> **教材点睛** 教材 P58~P60
>
> **1. 工程成本的构成及管理特点**
> （1）企业的成本管理责任体系包括企业管理层（效益中心）、项目管理层（利润中心）等两个层次。
> （2）成本管理的特点
> 1）管理目的：短工期、高质量、低成本。
> 2）管理措施：主要有组织措施、经济措施、技术措施、合同措施四个方面。
> 3）管理环节：主要有施工成本预测、施工成本计划、施工成本控制、施工成本核算、施工成本分析和施工成本考核六个环节或任务。
> （3）造价构成与成本构成的关系【图 6-1，P59】
> **2. 施工成本的影响因素**
> （1）物的方面：直接成本中的材料费、机械使用费和人工费的单价价格如与预测时不一致，必然会使成本发生较大的波动。
> （2）组织管理方面：缺乏科学组织的施工管理，必然会延误工期，导致增大固定成本；质量管理不力，会造成返工而增大费用开支。安全管理的疏漏，安全事故频发，其对成本的增大更为难以考量。
> （3）现场管理方面：非生产人员配备比重大，增大间接成本；资源管理不善，造成物资浪费严重，形成消耗过大而增加开支。

巩固练习

1.【判断题】企业的成本管理责任体系包括两个方面，一是企业管理层；二是施工管理层。　　　　　　　　　　　　　　　　　　　　　　　　　　　　（　　）
2.【判断题】管理目的是要在保证工期、质量安全的前提下，采取相应的管理措施，把成本控制在计划范围内，并进一步寻求最大限度的成本降低途径，力争成本费用最小化。　　　　　　　　　　　　　　　　　　　　　　　　　　　　（　　）
3.【判断题】成本管理的基本程序就是宏观上成本控制必须做到的六个环节或六个方面。　　　　　　　　　　　　　　　　　　　　　　　　　　　　（　　）
4.【单选题】项目管理层是（　　）。

A. 其管理以企业确定的项目成本为目标，体现现场生产成本控制中心的监理职能
B. 其管理从投标开始止于结算的全过程，着眼于体现效益中心的监督职能
C. 其管理从投标开始止于结算的全过程，着眼于体现效益中心的管理职能
D. 其管理以企业确定的施工成本为目标，体现现场生产成本控制中心的管理职能

5.【单选题】实际成本是（　　）。
A. 施工项目承建所承包工程实际发生的各项生产费用的总和
B. 指为施工准备、组织管理施工作业而发生的费用支出
C. 指施工过程中耗费的为构成工程实体或有助于过程工程实体形成的各项费用支出的和
D. 施工项目承建所承包工程预计发生的各项生产费用的总和

6.【单选题】属于间接成本的是（　　）。
A. 人工费　　　　　　　　　　B. 材料费
C. 交通费　　　　　　　　　　D. 施工机械使用费

7.【单选题】按成本发生的时间，施工成本划分为（　　）。
A. 抽象成本和实体成本　　　　B. 直接成本和间接成本
C. 预算成本、计划成本和实际成本　　D. 固定成本和变动成本

8.【多选题】施工成本包括（　　）。
A. 消耗的原材料、辅助材料、外购件等的费用
B. 施工机械的台班费或租赁费
C. 支付给生产工人的工资、奖金、工资性津贴等
D. 因组织施工而发生的组织和管理费用
E. 周转材料的摊销费或租赁费

9.【多选题】施工成本管理环节主要有（　　）。
A. 施工成本预测　　　　　　　B. 施工成本计划
C. 施工成本控制　　　　　　　D. 施工成本核算
E. 施工成本考核

【答案】1.×；2.√；3.√；4.D；5.A；6.C；7.C；8.ABCD；9.ABCDE

第二节　建筑设备安装工程施工成本控制的基本内容和要求

考点 27：施工成本控制的基本内容和要求●

> **教材点睛**　教材 P60～P61
>
> **1. 成本控制的基本内容**
> （1）目的：在施工过程中对影响施工成本的各种因素加强管理，并采取各种有效措施，将施工中发生的各项支出控制在成本计划范围之内，计算实际成本与计划成本之差异，进行分析，消除超过计划支出的原因，消除施工中浪费现象，使施工成本从施工准备开始直至竣工验收为止全过程处于有效控制之中。

教材点晴 教材 P60～P61(续)

（2）依据：工程的承包合同，施工成本计划，进度统计报告，工程变更等。

2. 成本控制的基本要求

（1）要按照计划成本目标值来控制物资采购价格，并做好物资进场验收工作，确保质量。

（2）要以施工任务书、限额领料单等的管理，控制人工、机械、材料的使用效率和消耗水平。

（3）注意工程变更等的动态因素影响。

（4）增强项目管理人员和全体员工的成本意识和控制能力。

（5）健全财务制度，使项目资金的使用纳入正规渠道，使结算支付有章可循。

（6）施工成本控制应贯穿项目从投标开始到工程竣工验收的全过程。

（7）施工成本控制须按动态控制原理对实际施工成本的发生过程进行有效控制。

巩固练习

1. 【判断题】将计划成本与承包成本进行比较即可判定项目的盈亏情况。（　　）
2. 【判断题】成本计划是进行成本控制活动的基础。（　　）
3. 【单选题】成本计划是（　　）。
   A. 在预测的基础上，以货币的形式编制的在工程施工计划期内的生产费用、成本水平和成本降低率，以及为降低成本采取的主要措施和规范的书面文件
   B. 把生产费用正确地归集到承担的客体
   C. 指在施工活动中对影响成本的因素进行加强管理
   D. 指把费用归集到核算的对象账上
4. 【单选题】施工成本计划是（　　）。
   A. 预算收入为基本控制目标　　　B. 成本控制的指导性文件
   C. 实际成本发生的重要信息来源　　D. 施工成本计划
5. 【单选题】进度统计报告是（　　）。
   A. 以预算收入为基本控制目标　　　B. 成本控制的指导性文件
   C. 实际成本发生的重要信息来源　　D. 施工成本计划
6. 【单选题】施工成本控制须按（　　）原理对实际施工成本的发生过程进行有效控制。
   A. 动态控制　　　　　　　　　B. 静态控制
   C. 挣值法　　　　　　　　　　D. 4M1E 法
7. 【多选题】成本的控制活动依据有（　　）。
   A. 工程的承包合同　　　　　　B. 进度统计报告
   C. 施工成本计划　　　　　　　D. 规范变更
   E. 工程变更
8. 【多选题】成本的控制活动基本要求包括（　　）。

A. 要按照计划成本目标值来控制物资采购价格，并做好物资进场验收工作，确保质量
B. 注意工程变更等的动态因素影响
C. 增强项目管理人员和全体员工的成本意识和控制能力
D. 通过劳务合同进行人工费的控制
E. 加强施工管理

【答案】1.×；2.√；3. A；4. B；5. C；6. A；7. ABCE；8. ABC

第三节　建筑设备安装工程成本控制的方法

考点 28：工程成本控制的方法●

> **教材点睛**　教材 P61～P64
>
> **1. 施工过程成本控制（管理）的基本程序**：成本的预测→计划→控制→核算→分析→考核。
> **2. 施工过程的成本控制**
> （1）施工成本的过程控制对象及方法
> 1）签订劳务合同进行人工费的控制。
> 2）通过定额管理和计量管理进行材料用量的控制。
> 3）掌握市场信息，采用招标、询价等方式控制材料、设备的采购价格。
> 4）合理布置、调度提高机械利用率；加强维修保养提高机械完好率，做好操作人员的协调配合，增加机械台班产量。
> 5）订立平等互利的分包合同，建立稳定的分包网络，加强分包工程的验收和结算，控制分包费用。
> （2）赢得值（挣值）分析法是进行工程项目的费用、进度综合分析控制的有效方法。需要掌握赢得值法的三个基本参数，四个评价指标的计算与应用。
> **3. 施工过程中成本控制的步骤**：比较→分析→预测→纠偏→检查。

巩固练习

1.【判断题】成本考核目的在于贯彻落实责权利相结合原则，根据成本控制活动的业绩给予责任者奖励或处罚，促进企业成本管理、成本控制健康发展。（　　）

2.【判断题】施工阶段是项目成本发生的主要阶段，也是成本控制的重点阶段。
（　　）

3.【单选题】成本核算是（　　）。
A. 把生产费用正确地归集到承担的客体
B. 在预测的基础上，以货币的形式编制的在工程施工计划期内的生产费用、成本水

平和成本降低率，以及为降低成本采取的主要措施和规范的书面文件

C. 指在施工活动中对影响成本的因素进行加强管理

D. 指在项目管理中对影响成本的因素进行加强管理

4.【单选题】施工过程中成本控制的步骤不包括(　　)。

A. 分析　　　　　　　　　　B. 纠偏

C. 预测　　　　　　　　　　D. 考核

5.【单选题】施工成本计划的编制以成本预测为基础，关键是确定(　　)。

A. 直接成本　　　　　　　　B. 目标成本

C. 实际成本　　　　　　　　D. 间接成本

6.【单选题】施工成本计划的编制方式不包括(　　)。

A. 按施工成本组成编制施工成本计划

B. 按施工项目组成编制施工成本计划

C. 按施工进度编制施工成本计划

D. 按施工质量等级编制施工成本计划

7.【多选题】成本管理的基本程序包括(　　)。

A. 成本计划　　　　　　　　B. 成本预测

C. 成本控制　　　　　　　　D. 成本分析

E. 成本考核

8.【多选题】成本控制的对象包括(　　)。

A. 通过劳务合同进行人工费的控制

B. 通过施工管理进行材料用量的控制

C. 通过掌握市场信息，采用招标、询价等方式控制材料、设备的采购价格

D. 注意工程变更等的动态因素影响

E. 通过定额管理和计量管理进行材料用量的控制

【答案】1.√；2.√；3. A；4. D；5. B；6. D；7. ABCDE；8. ACE

第七章 常用施工机械机具

第一节 垂直运输常用机械

考点 29：垂直运输常用机械

> **教材点睛** 教材 P65~P72

1. 施工升降机（施工电梯）

（1）施工升降机的构造和性能

1）施工升降机按传动形式可分为齿轮齿条式、钢丝绳式和混合式三类。

2）施工升降机构造

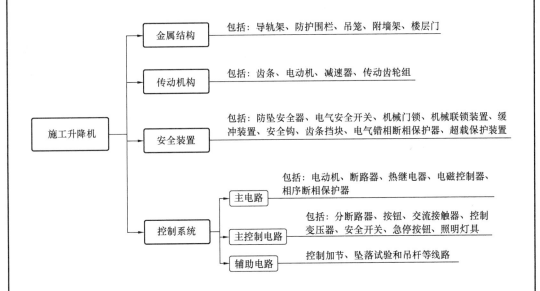

（2）施工升降机使用注意事项

1）施工升降机安装调试完毕，办理安装验收手续后，才能投入使用。

2）施工升降机的司机应经培训合格持证上岗。

3）建立施工升降机的使用管理制度，包括司机的岗位责任制、交接班制度、维护保养检查制度等。

4）建立完善的符合要求的安全使用操作规程。

5）每班作业完毕施工升降机吊笼应停靠至地面层站，清洁保养后、切断电源，锁好吊笼门和防护围栏门。

6）如施工升降机顶部装有空中（航空）障碍灯时，夜间应打开障碍灯。

> **教材点睛** 教材 P65~P72(续)

2. 常用自行式起重机的种类和性能

（1）汽车式起重机具有机动性能好、运行速度快、转移方便等优点，在完成较分散的起重作业时工作效率突出。常用于跟随运输车辆装卸设备及构件。它的缺点是要求有较好路面、稳定性能差、起重能力有限。

（2）轮胎式起重机采用液压传动来实现起吊、回转、变幅、吊臂伸缩及支腿收放等主要功能，操作灵活、起动平稳。

（3）履带式起重机一般采用内燃机驱动，操作灵活，使用方便，在平整和坚实的道路上均可行驶和进行吊装作业，对地面承压要求较低。其是大型设备安装中常用的起重机械，但其稳定性差、行驶速度慢、自重大，对路面有破坏作用，在作远距离转移时，要靠大型平板车拖运。

（4）常用自行式起重机的选用原则

1）根据现场的实际情况确定被吊设备或构件的位置和起重机站位，确定幅度 R；

2）根据被吊设备或构件的体积大小、外形尺寸、吊装高度等，确定吊装的臂长 L；

3）根据已确定的幅度 R、臂长 L，结合特性曲线表，确定起重机吊装的额定起重量 Q；

4）当额定起重量大于被吊的设备或构件的重量，则起重机选择合格，否则应重选。

巩固练习

1.【判断题】汽车式起重机具有机动性能好、运行速度快、转移方便等优点。（　）

2.【判断题】施工升降机按传动形式可分为齿轮齿条式、钢丝绳式和混合式三类。
（　）

3.【单选题】导轨架的作用是（　）。
A. 按一定间距连接导轨架与建筑物或其他固定结构，用以支撑导轨架，使导轨架直立、可靠、稳固
B. 防护吊笼离开底层基础平台
C. 用以支承和引导吊笼、对重等装置运行，使运行方向保持垂直
D. 用以运载人员或货物，并有驾驶室，内设操控系统

4.【单选题】项目部要对施工升降机的使用建立相关的管理制度，其中不包括（　）。
A. 司机的岗位责任制　　　　　　B. 交接班制度
C. 升降机的使用培训　　　　　　D. 维护保养检查制度

5.【单选题】汽车式起重机负重工作时，吊臂的左右旋转角度都不能超过（　），回转速度要缓慢。
A. 50°　　　　　　　　　　　　B. 60°
C. 40°　　　　　　　　　　　　D. 45°

6.【单选题】雨雪天作业，起重机制动器容易失灵，故吊钩起落要缓慢。如遇（　）

级以上大风应停止吊装作业。

A. 六   B. 七   C. 八   D. 五

7.【单选题】履带式起重机满负荷起吊时，应先将重物吊离地面（　　）mm 左右，对设备作一次全面检查，确认安全可靠后，方可起吊。

A. 500   B. 800   C. 400   D. 200

8.【多选题】施工升降机的安全装置包括（　　）。

A. 防坠安全器   B. 电气安全开关

C. 电动锁门   D. 机械门锁以及吊笼门的机械联锁装置

E. 联锁装置

9.【多选题】在设备安装工程中常用的自行起重机有（　　）。

A. 汽车式起重机   B. 履带式起重机

C. 链条式起重机   D. 轮胎式起重机

E. 皮带式起重机

【答案】1.√；2.√；3. C；4. C；5. D；6. A；7. D；8. ABD；9. ABD

第二节　建筑设备安装工程常用施工机械、机具

考点 30：常用施工机械、机具★●

> **教材点睛** 教材 P72～P98
>
> **1. 手拉葫芦、千斤顶、卷扬机的性能**
> （1）手拉葫芦
> 1）手拉葫芦（链式起重机）自重轻、携带方便、使用简便，适用于小型设备和构件的吊装和短距离运输，尤其适用于流动性大和无电源的地带。
> 2）按结构不同分为蜗杆传动和圆柱齿轮传动两种。
> 3）由链轮、手拉链、起重链、传动机构及上下吊钩等几部分组成。
> 4）手拉葫芦使用注意事项【P72～P73】。
> （2）千斤顶
> 1）千斤顶（举重器、顶重机）是一种可用较小的力量把重物顶升、降低或移动的简单、方便的起重工具。特别适用于已就位设备的安装找正、调整标高和方位等作业，也常用于管道工程中的顶管作业、制作弧形管道等，还可用于型钢的调直。
> 2）按照千斤顶的结构不同分为螺旋千斤顶、液压千斤顶、齿条千斤顶三种。
> 3）使用千斤顶的注意事项【P75～P76】。
> （3）卷扬机
> 1）电动卷扬机具有牵引力大、结构紧凑、体积小、操作简便等优点，是吊装搬运中常用的牵引设备。
> 2）按卷筒形式分为单筒、双筒两种；按传动形式分为可逆减速箱式和摩擦离合器式。

教材点睛 教材 P72~P98(续)

3) 卷扬机的构造：由电动机、减速箱、卷筒、电磁式制动器、可逆控制器和底座等部件组成。

4) 电动卷扬机的使用注意事项【P77~P78】。

2. 麻绳、尼龙绳、涤纶绳及钢丝绳的性能和选用

（1）起重用麻绳

1) 麻绳：是起重作业中常用的索具之一，具有轻便、容易携带、捆绑方便等优点。因强度关系，只能用来捆绑吊运 500kg 以内的物体或用作平衡绳、溜绳和受力不大的缆风绳。

2) 麻绳的种类分为白棕绳、混合麻绳和线麻绳三种，其中以白棕绳的质量为优，使用较为普遍。

3) 麻绳的拉力计算及选用【P78~P79】。

（2）尼龙绳和涤纶绳

1) 尼龙绳和涤纶绳可应用于起运和吊装表面光洁零件、软金属制品，磨光的轴销或其他表面不允许磨损的设备。

2) 尼龙绳和涤纶绳的优点是体轻、质地柔软、耐油、耐酸、耐腐蚀，并具有弹性，可减少冲击，不怕虫蛀，不会引起细菌繁殖，抗水性能达到 96%~99%。

（3）起重用钢丝绳

1) 钢丝绳是起重作业中必备的重要部件，可用作起重、牵引、捆扎、张拉和缆风绳等。

2) 钢丝绳具有强度高、有挠性（可卷绕成盘）、在高速下运转平稳、噪声小、破断前有断丝预兆。

3) 起重吊装中常用钢丝绳为圆股钢丝绳，其中每股有 19 根钢丝、37 根钢丝和 61 根钢丝之分。

4) 钢丝绳的选用【P83~P85】。

3. 滑轮的分类、选配原则和使用要求

（1）滑轮的构造和分类

1) 滑轮的构造：由吊钩（吊环）、滑轮、中央枢轴、横杆和夹板等组成。

2) 滑轮的分类

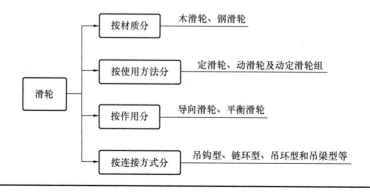

教材点睛 教材 P72~P98(续)

(2) 滑轮的作用

1) 定滑轮：通常作为导向滑轮和平衡滑轮使用，能改变绳索的受力方向，而不能改变绳索的速度。

2) 动滑轮：使用时，因设备或构件由两根绳索分担，每根钢丝绳的受力为吊装物重量的50%。

3) 导向滑轮也叫开门滑轮，它同定滑轮一样，既不省力，也不能改变速度，只能改变钢丝绳的走向。

4) 滑轮组是由一定数量的动滑轮、定滑轮通过钢丝绳穿绕组成。其具有动、定两种滑轮的特点，可改变力的方向，又能省力。利用滑轮组这一特点可用较小的牵引力起吊重量很大的设备。

(3) 滑轮的选配原则、使用【P88~P89】

4. 手工焊接机械的性能

(1) 常用的电弧焊机按焊接电源分类有交流焊机和直流焊机两类。

(2) 焊机主要附件有：一次电源（高压侧）配电箱、电源线，二次侧焊接电缆（电焊把线）、大电流快速接头、接地线及接地线夹、电焊钳、防护面罩、防护手套。

(3) 常用手工电弧焊机的选择原则

1) 根据所用焊条的种类选用。

2) 根据焊接产品所需要的焊接电流范围和实际负载持续率选用。

3) 根据焊接现场工作条件和节能要求选用。

(4) 热塑性塑料的焊接方法

1) 采用外加热源方式软化的焊接技术：热板焊接、热风焊接、热棒和脉冲焊接。

2) 采用机械运动方式软化的焊接技术：摩擦焊接、超声波焊接。

3) 采用电磁作用软化的焊接技术：高频焊接、红外线焊接、激光焊接。

(5) 焊接应注意的有关问题【P93】

5. 金属风管制作机械的性能

(1) 金属风管制作机械有：剪板机、卷板机、扳边机、角钢法兰弯曲机、咬口机等。

(2) 剪板机：用于剪切制作风管的钢板。下料时应严格按照机械使用说明书操作，不能超负荷作业。

(3) 卷板机：用以非螺旋形圆风管的卷圆。加工时可采用焊后复卷找圆的方法。

(4) 扳边机：用以钢板咬口的折弯和矩形风管的折方。手动扳边机常用于1.2mm及以下厚度板材的加工，电动扳边机常用于3.0mm及以下厚度板材的加工。

(5) 角钢法兰弯曲机：用以圆形风管法兰连接所需的角钢法兰的制作。优点是可减少材料损耗。

(6) 咬口机：用于金属板材厚度在0.5~1.5mm风管、部件端口咬口的成型加工。

6. 试压泵的性能

(1) 用途：给水管道安装后的强度和严密性试验。

> **教材点睛** 教材 P72~P98(续)
>
> （2）分类：有电动和手动两类。
> （3）试压泵的设置位置和使用
> 1）试压泵一般设在建筑的首层或室外管道引入口处，整个给水系统的低位处。
> 2）检测时，试压泵上及给水系统观察处，须各安装一个检测压力表，两只压力表均应检定合格，在使用有效期内。
> 3）新型试压泵首次使用，要阅读设备使用说明书，以利掌握操作要领，做到安全使用。
> 4）电动试压泵的电气安全保护接地应良好，试压操作前应进行检查。
> 5）冬季试压泵使用后要排除泵体内的积水，避免发生冻害事故。

巩固练习

1．【判断题】电动卷扬机的种类按起重量分为 0.5t、1t、2t、3t、4t、5t、10t、20t 等。　　　　　　　　　　　　　　　　　　　　　　　　　　　（　　）

2．【判断题】滑轮组起吊重物时，定滑轮和动滑轮间距不应小于滑轮直径的 6 倍。
　　　　　　　　　　　　　　　　　　　　　　　　　　　　　　（　　）

3．【判断题】直流焊机分为磁放大器式、整流式和旋转直流弧焊发电式三大类。
　　　　　　　　　　　　　　　　　　　　　　　　　　　　　　（　　）

4．【判断题】试压泵有电动和手动的两类，但泵的泵体都属于柱塞式泵。（　　）

5．【单选题】捯链的起重能力一般不超过（　　）t，起重高度一般不超过（　　）m。
A．15，6　　　　　　　　　　　　B．10，7
C．15，7　　　　　　　　　　　　D．10，6

6．【单选题】千斤顶按照结构不同，可分为（　　）。
A．螺旋千斤顶和液压千斤顶　　　　B．螺旋千斤顶和齿条千斤顶
C．液压千斤顶和齿条千斤顶　　　　D．螺旋千斤顶、液压千斤顶和齿条千斤顶

7．【单选题】导向滑轮与卷筒保持适当距离，使钢丝绳在卷筒上缠绕时最大偏离角不超过（　　）。
A．3°　　　　　　　　　　　　　B．2°
C．4°　　　　　　　　　　　　　D．5°

8．【单选题】电动卷扬机在使用时如发现卷筒壁减薄（　　）必须进行修理和更换。
A．15%　　　　　　　　　　　　B．10%
C．8%　　　　　　　　　　　　　D．12%

9．【单选题】麻绳只能用来捆绑吊运（　　）kg 以内的物体或用作平衡绳、溜绳和受力不大的缆风绳。
A．800　　　　　　　　　　　　B．500
C．1500　　　　　　　　　　　　D．1800

10．【单选题】滑轮按使用方法分类有（　　）。

A. 定滑轮和动滑轮

B. 定滑轮、动滑轮以及动、定滑轮组成的滑轮组

C. 导向滑轮和平衡滑轮

D. 硬质滑轮和钢滑轮

11.【多选题】电动卷扬机的种类按卷筒形式划分有（ ）。

A. 单筒 B. 双筒

C. 可逆减速箱式 D. 摩擦离合式

E. 多筒

12.【多选题】麻绳一般有（ ）。

A. 三股 B. 四股

C. 五股 D. 八股

E. 九股

13.【多选题】使用焊机应注意的安全问题有（ ）。

A. 焊机应与安装环境条件相适应

B. 焊机应远离易燃易爆物品

C. 通风良好，避免受潮，并能防止异物进入

D. 焊机外壳应不可靠接地

E. 焊机外壳应可靠接地

【答案】1. ×；2. ×；3. ×；4. √；5. D；6. D；7. B；8. B；9. B；10. B；11. AB；12. ABE；13. ABCE

181

第八章 施工组织设计和专项施工方案的编制

考点31：施工组织设计与专项施工方案编制★●

> **教材点睛** 教材 P99～P109
>
> **1. 确定分部工程的施工起点流向**
> （1）给水、排水工程
> 1）给水工程以水源供给为起点，通过管网，到达各用水点。
> 2）排水工程以排水点起始，指向排水的集纳装置（集污池或集污总管）。
> （2）建筑电气工程以供电源为起点，通过线路，指向各用电点。
> （3）通风与空调工程以机房为起点，通过风管管网或空调用水管网指向末端站点。
> **2. 选择确定主要施工机械及布置位置**
> （1）施工机械的参数选择
> 1）工作容量：常以机械装置的外形尺寸、作用力（功率）和工作速度来表示。
> 2）生产率的表示可分为理论生产率、技术生产率和实际生产率三种。
> 3）施工机械动力包括动力装置类型和功率。
> 4）工作性能参数：在机械使用说明书、铭牌上都有标注，选择计算和使用机械时可参照查用。
> （2）施工机械的选择
> 1）数量：根据工程量、计划时段内台班数、机械的利用率和生产率来确定的。
> 2）选择方法：综合评分法、成本比较法、界限时间比较法、折算费用法（等值成本法）等。
> 3）选用原则：包括技术合理和经济合理两个方面。
> 4）选用要求
> ① 根据工程特点选择主导施工机械，辅助机械应与直接配套的主导机械的生产能力协调一致。
> ② 同一工地上，应注意施工机械的种类和型号的统一性，以利于机械管理。
> ③ 遵循施工方法的技术先进性和经济合理性兼顾的原则，尽量利用施工单位现有机械。
> ④ 遵循施工接线的适用性与多用性兼顾的原则。
> ⑤ 符合工期、质量、安全的要求。
> （3）主要施工机械的类型：分为垂直运输机械和加工机械两类。
> **3. 绘制分部工程施工现场平面图**：根据安装各专业分部工程在结构施工阶段和装修施工阶段的不同作业需求，平面布置图应分结构与装修两个阶段分别绘制。
> **4. 编制建筑给水排水工程、通风与空调工程和建筑电气工程的专项施工方案**【见本书考点14】

> **教材点睛** 教材 P99～P109(续)
>
> **5. 分析确定危险性较大设备安装工程防范要点，配合编制作业指导书**
> （1）设备安装工程中安全防范的主要关注点八个方面【见本书考点2】
> （2）关于作业指导书的编制
> 1）是以施工作业中一个工序或数个连续相关的工序为对象编写的技术文件，是施工方案中技术部分的细化结果，可以用作技术交底文件的一部分。
> 2）编制内容：应明确工序名称、操作步骤、工具及机械配备、质量标准、测量方法、仪器仪表和测量工具、工序交接的条件等。表达形式有文字、图、表、试验样板的照片。
>
> **6. 施工方案的比较优化**：从技术、经济两方面进行分析比较，重点关注施工方案的技术先进性、经济合理性及重要性指标。
>
> **7. 考点应用**
> （1）工程交付使用前应考虑的各专业间衔接工作【1. 案例一 ②，P104】
> （2）安装工程资源管理的内容及特殊性【1. 案例三 ①，P105】
> （3）安装工程特殊作业人员的管理【1. 案例三 ③，P106】
> （4）危险性较大的分部分项工程风险管理的步骤【2. 案例一 ③，P108】

> **巩固练习**

1.【判断题】专项施工方案是否进行专家论证，由项目部报本企业技术负责人批准，并征得总包单位承认。　　　　　　　　　　　　　　　　　　　　　　（　　）

2.【判断题】工作容量常以机械装置的外形尺寸、作用力（功率）和工作速度来表示。　　　　　　　　　　　　　　　　　　　　　　　　　　　　　　（　　）

3.【判断题】施工机械的选用原则包括质量合理和经济合理两个方面。　（　　）

4.【单选题】对一个具体对象编制的施工方案不应少于(　　)个，以便遴选和优化。
A. 2　　　　　　　　　　　　　　B. 3
C. 4　　　　　　　　　　　　　　D. 5

5.【单选题】属于施工方案经济性比较的是(　　)。

A. 比较不同方案实施的安全可靠性

B. 比较不同方案的经济计划性

C. 比较不同方案推广应用的价值

D. 比较不同方案对施工产值增长率的贡献

6.【单选题】安装工程资源管理的特殊点在人力资源方面主要表现为(　　)。

A. 特殊作业人员和特种设备作业两类人员的专门管理规定

B. 要注意强制认证的成品使用管理和特殊场所使用的管理

C. 消防专有成品的管理

D. 注意起重机械和压力容器的使用管理

7.【单选题】《建设工程安全生产管理条例》明确的特种作业人员是指(　　)。

A. 探伤工 B. 司炉工
C. 架子工 D. 水处理工

8.【单选题】对特殊作业人员管理的基本要求：离开特殊作业（ ）者，必须重新考试合格，方可上岗。

A. 六个月以上 B. 七个月以上
C. 十二个月以上 D. 九月以上

9.【单选题】施工方案比较通常从（ ）两个方面进行分析。

A. 技术和经济 B. 重要和经济
C. 技术和重要 D. 方案和经济

10.【单选题】属于施工方案重要性比较的是（ ）。

A. 技术效率 B. 创新程度
C. 推广应用价值 D. 投资额度

11.【多选题】房屋建筑安装工程施工单位按施工组织计划的（ ）结合施工项目实际和单位要求，组建编制小组。

A. 编制原则 B. 编制依据
C. 编制内容 D. 编制目的
E. 编制规则

12.【多选题】现场材料堆放场地应注意的事项有（ ）。

A. 方便施工，避免或减少一次搬运
B. 符合防火、防潮要求，便于保管和搬运
C. 要不妨碍作业位置，避免料场迁移
D. 码放整齐，便于识别，危险品单独存放
E. 方便施工，避免或减少二次搬运

13.【多选题】安装工程资源管理的特殊点主要表现在（ ）。

A. 资源管理方面 B. 人力资源方面
C. 材料管理方面 D. 方案设计方面
E. 施工进度方面

14.【多选题】对特殊作业人员管理的基本要求有（ ）。

A. 须经考试或考核合格、持证上岗
B. 合格证书要按规定期限进行复审
C. 离开特殊作业一定期限者，必须重新考试合格，方可上岗
D. 必须有身体健康证明
E. 必须经考核上岗

【答案】1.√；2.√；3.×；4.A；5.A；6.A；7.C；8.A；9.A；10.C；11.ABC；12.BCDE；13.BC；14.ABC

第九章　施工图及相关文件的识读

考点 32：施工图识读★●

> **教材点睛** 教材 P110～P119
>
> **1. 给水排水工程图的识读步骤（含通风与空调工程图）**
> （1）图例符号的阅读：要以施工图标示为准，与施工图的设备材料表对照，以防阅读失误。
> （2）轴测图的阅读
> 1）房屋建筑安装中的管道工程大部分用轴测图表示，阅读时须采用轴测图和相应的标准图集结合的方式。直管段的长度可以用比例尺测量，也可以按标准图集或施工规范要求测算。
> 2）空调系统的立体轴测图，因缺少部分风管和设备与建筑物或生产装置间的布置关系，及固定风管用的支架或吊架的位置，需要结合平面图、节点图等施工图或标准图集进行阅读。
> （3）识读施工图纸的基本流程：阅读标题栏→阅读设计说明书、材料表→系统图识读→材料、部件、设备规格型号、位置、施工工艺识读→结合建筑施工图复核安装位置。
>
> **2. 建筑电气工程图的识读步骤**
> （1）识读步骤：阅读设计说明→阅读系统图→阅读平面图→阅读带电气装置的三视图→阅读电路图→阅读接线图→判断施工图的完整性。
> （2）注意事项【P111】。
>
> **3. 通风与空调工程图识读的补充**：阅读通风与空调工程图的同时，阅读相关的建筑图、结构图，并绘制安装草图，以保证通风空调工程的完成效果。
>
> **4. 设备安装使用维护说明书内容**：包括产品的包装、运输、保管、使用、维护以及安全注意事项等；大型设备的安装固定、调整试验、油料使用、试运转等的特定要求。
>
> **5. 考点应用**
> （1）热继电器的工作原理【2 案例一②，P114】
> （2）施工现场双电源自动切换使用的注意安全事项【2 案例二①，P115】
> （3）通风系统风机测定的主要指标【3 案例一①，P116】
> （4）风管系统风量调整的方法【3 案例一③，P116】
> （5）电子巡查系统的形式分类及巡查点的设置要求【4 案例二②、③，P118】
> （6）保冷管道施工注意事项【4 案例三③，P119】

> 巩固练习

1.【判断题】建筑电气工程图的识读步骤：阅读系统图→阅读施工说明→阅读平面图→阅读带电气装置的三视图→阅读电路图→阅读接线图→判断施工图的完整性。（   ）

2.【判断题】所有的标高相对零点（±0.00）在该建筑物的首层地面。（   ）

3.【判断题】为了用电安全，正常电源和备用电源不能并联运行，电压值保持在相同的水平。（   ）

4.【判断题】送风机是空调系统用来输送空气的设备。（   ）

5.【单选题】在给水排水工程图阅读时要注意施工图上标注的（   ）以及是否图形相同而含义不一致。

   A. 设备材料表　　　　　　　　　B. 尺寸图例
   C. 标题栏　　　　　　　　　　　D. 图例符号

6.【单选题】在建筑电气工程图的阅读中，系统图、电路图或者是平面图的阅读顺序是（   ）。

   A. 从电源开始到用电终点为止　　B. 从用电终点开始到电源为止
   C. 不作要求　　　　　　　　　　D. 从主干线开始

7.【单选题】在（   ）的施工图中大量采用轴测图表示，原因是轴测图立体感强，便于作业人员阅读理解。

   A. 给水排水工程和通风与空调工程　　B. 建筑电气工程
   C. 建筑设计工程　　　　　　　　　　D. 建筑结构图

8.【单选题】热继电器的符号为（   ）。

   A. GR　　　　　　　　　　　　　B. FR
   C. FG　　　　　　　　　　　　　D. GF

9.【单选题】为了用电安全，正常电源和备用电源不能并联运行，备用电源电压值（   ）。

   A. 大于正常电源电压值　　　　　B. 与正常电源电压值保持在相同的水平
   C. 小于正常电源电压值　　　　　D. 不作要求

10.【单选题】风机压出端的测定面要选在（   ）。

   A. 通风机出口且气流比较稳定的直管段上
   B. 尽可能靠近入口处
   C. 尽可能靠近通风机出口
   D. 干作的弯管上

11.【单选题】测量圆形断面的测点据管径大小将断面划分成若干个面积相同的同心环，每个圆环设（   ）个测点。

   A. 3　　　　　　　　　　　　　　B. 4
   C. 5　　　　　　　　　　　　　　D. 6

12.【多选题】给水排水识读施工图纸的基本方法有（   ）。

   A. 先阅读标题栏
   B. 其次阅读材料表

C. 核对不同图纸的同一管道、阀门的规格型号

D. 检查图纸图标

E. 阅读带电气装置的三视图

13.【多选题】建筑电气工程图包含(　　)。

A. 系统图　　　　　　　　　　B. 电路图

C. 平面图　　　　　　　　　　D. 风管系统图

E. 电气系统图

14.【多选题】湿式报警阀组采取防止误报的措施有(　　)。

A. 报警阀内设有平衡管路　　　B. 在报警阀至警铃的管路上设置开关

C. 报警阀内没有平衡管路　　　D. 在报警阀至警铃的管路上设置保护器

E. 在报警阀至警铃的管路上设置延时器

15.【多选题】施工现场双电源自动切换使用时应注意的安全事项有(　　)。

A. 正常电源和备用电源并联运行

B. 正常电源和备用电源电压值保持在相同的水平

C. 两者接入馈电线路时应严格保持相序一致

D. 正常电源和备用电源不能并联运行

E. 正常电源和备用电源能并联运行

16.【多选题】风口风量调整的方法有(　　)。

A. 基准风口法　　　　　　　　B. 流量等比分配法

C. 流量等量法　　　　　　　　D. 逐项分支调整法

E. 等面积分配法

17.【多选题】电子巡查线路的确定要依据(　　)。

A. 建筑物的使用功能　　　　　B. 安全防范管理要求

C. 建筑物的结构　　　　　　　D. 用户需求

E. 国家规定

【答案】1. ×；2. √；3. √；4. ×；5. D；6. A；7. A；8. B；9. B；10. A；11. B；12. ABC；13. ABC；14. CE；15. BCD；16. ABD；17. ABD

第十章 技术交底文件的编制与实施

考点33：技术交底文件编制与实施 ●

> **教材点睛** 教材 P120~P128
>
> **1. 技术交底的必要性**
> （1）施工技术交底是施工开始前的一项有针对性的，符合法规规定、符合技术管理制度要求的重要工作，是保证施工活动按计划有序地顺利展开的重要手段。
> （2）施工技术交底包括设计交底、施工组织设计（方案）交底、设计变更交底、安全技术交底等。
>
> **2. 技术交底的主要内容**
> （1）设计交底的内容：施工图设计依据、规划、环境要求和设计规范等。
> （2）施工组织设计的交底内容：工程概况、编制依据、施工部署、施工进度计划、施工准备与资源配置计划、主要施工方法、主要施工管理措施和施工现场平面布置等。
> （3）施工方案的交底内容：工程概况、编制依据、施工安排、施工进度计划、施工准备与资源配置计划、主要施工方法及工艺要求、技术措施、质量安全环境保证措施等。
> （4）危险性较大的分部分项工程专项施工方案的交底内容：工程概况、编制依据、施工计划、施工工艺技术、施工安全保证措施、施工管理和作业人员配备和分工、验收要求、应急处置措施、计算书及相关图纸等。
> （5）分项工程交底内容：分项工程的交底应根据设计图纸的技术要求以及施工及验收规范的具体规定，针对不同工种的具体特点，进行不同内容和重点的技术交底。主要包括技术和安全两个主要方面。
>
> **3. 技术交底的实施**
> （1）明确技术交底的责任，责任人员包括项目技术负责人、施工员、作业队长、作业班组长等。
> （2）技术交底前各层次交底人员要有针对性地确定交底内容，编写书面技术交底文件。
> （3）技术交底活动结束后，交底人与被交底人均应签字确认。
> （4）施工中发生的重大设计变更应及时向作业人员交底。
>
> **4. "四新"应用和样板**："四新"指的是施工中的新材料、新工艺、新技术、新设备。"四新"技术应用前，可以样板示范的方式进行技术交底。
>
> **5. 考点应用**
> （1）使用液氯钢瓶氯气制备消毒水安全防范措施【1. 案例二②，P123】
> （2）灯具安装作业交底的主要内容【2. 案例一①，P123】

> **教材点睛** 教材 P120~P128(续)
>
> (3) 电缆竖井内电缆敷设技术交底的内容【2.案例二①，P124】
> (4) 电缆竖井内电缆敷设安全交底的内容【2.案例二②，P124】
> (5) 风管安装注意事项【3.案例一③，P125】
> (6) 空调供风风管漏风量检测的规范要求【3.案例二①，P125】
> (7) 摄像机的位置及安装注意事项【4.案例二①、②，P126】

巩固练习

1.【判断题】作业指导书是以施工作业中一个工序或数个连续相关的工序为对象编写的技术文件。( )

2.【判断题】管道试压作业指导书，编制后做模拟实验体现了样板领先的理念，说明了新技术的推广应用要经过实践的验证，是作业指导书编制形成的一个重要环节。( )

3.【判断题】技术交底须应用口头陈述的形式。( )

4.【单选题】要明确技术交底的责任，责任人员不包括( )。
 A. 项目技术负责人 B. 业主
 C. 作业队长 D. 作业班组长

5.【单选题】自制吊杆的规格应符合设计要求，吊杆加长采用搭接双侧连接焊时，搭接长度不应小于吊杆直径的( )倍。
 A. 4 B. 5
 C. 6 D. 7

6.【单选题】由吊杆支架悬吊安装的风管，每直线段均应设刚性的( )。
 A. 固定支架 B. 矩形支架
 C. 防晃支架 D. 单脚支架

7.【多选题】工程施工提倡节能环保和绿色施工，所以技术交底时要注意( )。
 A. 保护好作业环境 B. 环保要求
 C. 妥善处理作业中产生的固体废弃物 D. 防止废气、噪声、强光的污染
 E. 做好施工安全设施

8.【多选题】施工技术交底包括( )等类别。
 A. 设计交底 B. 设备制造交底
 C. 施工方案交底 D. 安全技术交底
 E. 设计变更交底

【答案】1.√；2.√；3.×；4.B；5.C；6.C；7.ABCD；8.ACDE

第十一章 施 工 测 量

考点 34：施工测量●

教材点睛 教材 P129～P138

1. 测量检测工作的重要性：施工中测量检测贯穿于施工的全过程，是保证工程质量、设备设施安全运行，达到工程设计预期功能的关键工作之一。

2. 测量检测仪器选用的基本原则：①符合测量检测工作的功能需要。②精度等级、量程等技术指标符合测量值的需要。③必须检定合格、有标识，在检定周期内。

3. 保持测量准确性的措施

（1）测量和检测人员要经过培训且考试或考核合格。

（2）分门别类按要求对测量检测仪器仪表进行保管，尤其应注意保管的环境条件。

（3）建立完善的测量和检测用仪器仪表的管理制度及管理台账。

4. 测量和检测记录的基本要求

（1）记录要真实、正确、完整、齐全、及时，有可追溯性。

（2）记录内的单位要用法定计量单位。

（3）须城建档案馆备档，应符合《建设工程文件归档规范（2019 年版）》GB/T 50328—2014 的规定。

（4）记录中的图或草图，其构图规则要符合《房屋建筑制图统一标准》GB/T 50001—2017 及相应配套标准的规定。

（5）与空气的温度、湿度，与土壤的含水率，与空气中含尘量相关的数据，应填入记录表式中环境条件类栏目中，不得漏填。

5. 管网测绘的基本步骤及测量方法【1. 案例一，P130～P131】

巩固练习

1.【判断题】测量和检测人员要经过培训且考试或考核合格。（　　）

2.【判断题】ZC-8 仪表应放置于水平位置，检查调零。（　　）

3.【判断题】测量和检测记录的基本要求中的真实是指记录要实事求是，不可弄虚作假。（　　）

4.【判断题】记录的可追溯性主要指空间坐标上的可查证性。（　　）

5.【单选题】如记录中有图或草图，其构图规则要符合（　　）及相应配套规范的规定。

　　A.《房屋建筑制图统一标准》GB/T 50001

　　B.《房屋建筑绘图统一标准》GB/T 50001

C. 《房屋建筑设计制图统一标准》GB/T 50001
D. 《房屋建筑规划制图统一标准》GB/T 50001

6. 【单选题】ZC-8 接地电阻测量仪使用注意事项有：接地极、电位探测针、电流探测针三者成一直线，（　　）居中，三者等距，均为 20m。

A. 接地极
B. 电位探测针
C. 电流探测针
D. 接地极和电流探测针

7. 【单选题】兆欧表按被试对象额定电压大小选用，1000～3000V 时宜采用（　　）及以上兆欧表。

A. 2500V 12000MΩ
B. 2000V 10000MΩ
C. 2000V 12000MΩ
D. 2500V 10000MΩ

8. 【单选题】检测用的仪器仪表，除其精度等级满足要求外，检定合格要在（　　）期内。

A. 有效
B. 可用
C. 标识
D. 检修

9. 【单选题】水准仪观测时，观测者的手不可放在（　　）上。

A. 塔尺
B. 仪器或三脚架
C. 记录本
D. 被测物

10. 【多选题】给水排水管网竣工图的测量必须在回填土前进行，要测量出管线的（　　）等数据。

A. 起点
B. 终点
C. 中点
D. 管井标高
E. 管顶标高

11. 【多选题】检测工作仪器选用的基本原则有（　　）。

A. 符合测量检测工作的功能要求
B. 检测仪器、仪表必须高精度
C. 精度等级、量程等技术指标符合测量值的需要
D. 必须经过检定合格，有标识，在检定周期内
E. 分门别类按要求对测量检测仪器仪表进行保管

【答案】1.√；2.√；3.√；4.×；5.A；6.B；7.D；8.A；9.B；10.ABDE；11.ACD

第十二章 施工区段和施工顺序划分

考点35：施工区段及施工顺序划分 ★●

教材点睛 教材 P139~P143

1. 区段划分时安装与土建的关系

（1）民用建筑工程：土建施工单位为总承包单位，安装工程施工单位为分包单位，安装工程的区段划分要与土建工程的区段划分保持一致。

（2）工业建筑工程：施工总进度以工艺生产线尽早投产作出安排，其区段划分以生产流程为主导。

2. 典型施工顺序介绍

（1）给水、排水工程

1）室内给水管道工程施工顺序

施工准备→管道预制→支吊架制作安装→┌立管安装→支管安装┐→管道试压→
　　　　　　　　　　　　　　　　　　　└　　阀门安装　　┘
管道防腐或保温→管道冲洗消毒。

2）室内排水管道工程施工顺序

施工准备→管道预制→支吊架制作安装→立管安装→支管安装→封口堵洞→灌水试验→通球试验。

3）室外给水管道工程施工顺序

施工准备→放线挖土→沟槽验收→管道预制→布管、下管→管道对口、调直稳固→管道连接→试压、冲洗、消毒→土方回填、砌阀门井。

（2）建筑电气工程

1）盘柜安装施工顺序

施工准备→盘柜尺寸核对→基础型钢制作安装→盘柜搬运就位→硬母线安装→一、二次线连接→试验整定→送电运行验收

2）钢导管敷设施工顺序

施工准备→管线、盒箱定位→盒箱固定→支吊架制作安装→导管加工→管路敷设→变形缝处的处理→接地线连接→清扫管路

3）防雷接地安装施工顺序

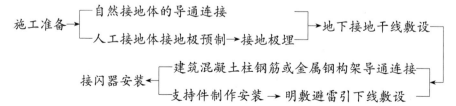

> **教材点睛** 教材 P139～P143（续）

（3）通风与空调工程

1）金属风管制作施工顺序

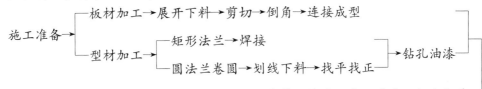

2）风管及部件安装施工顺序

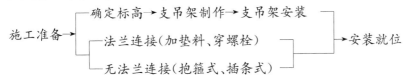

3）洁净空调工程安装施工顺序

（4）其他工程

1）室内自动喷水灭火系统安装施工顺序

2）通风与空调绝热工程安装施工顺序

巩固练习

1.【判断题】确定工种顺序目的是解决工种之间在空间上的衔接关系。　　　　　（　　）

2.【判断题】阀门安装是在立管、支管的安装中交叉进行的。　　　　　（　　）

3.【判断题】盘柜施工安装顺序主要适用于变配电所内集中的高低压配电柜的安装。

（　　）

4.【判断题】喷头支管安装指的是在吊平顶上的喷头支管，一般不与管网同时完成，须与装饰工程同时进行，因而要单独试压。　　　　　（　　）

5.【判断题】一个工程项目的施工要分区实施，区内要分段施工，才能使工程循序前

进，取得良好效益。 （ ）

6.【判断题】工业和民用工程施工区段划分的原则是一致的。 （ ）

7.【单选题】如施工中某段管子须隐蔽，则该段管子应先进行（   ）。

  A. 灌水试验和通球试验   B. 通气试验和通球试验

  C. 灌水试验和通气试验   D. 密闭试验和通球试验

8.【单选题】无论何种情况、何种形式的防雷接地工程，接闪器安装应安排在（   ）的工序。

  A. 最末端   B. 最前端

  C. 中间   D. 任何位置

9.【单选题】施工顺序反映施工活动中的工序衔接关系，其应符合工艺（   ）。

  A. 技术规律   B. 技术要求

  C. 先进水平   D. 操作方法

10.【多选题】常用的施工组织方法有（   ）。

  A. 依次施工   B. 平行施工

  C. 顺序施工   D. 流水施工

  E. 方位施工

11.【多选题】施工的流向是由（   ）三个方面的要求决定的。

  A. 保证施工进度   B. 施工组织

  C. 缩短工期   D. 保证施工质量

  E. 保证施工进度

12.【多选题】金属风管制作加工顺序由（   ）顺序合成。

  A. 板材加工   B. 型材加工

  C. 组合   D. 样板加工

  E. 卷材

【答案】1. ×；2. √；3. √；4. √；5. √；6. ×；7. A；8. A；9. A；10. ABD；11. BCD；12. ABC

第十三章 施工进度计划编制与资源平衡计算

考点36：施工进度计划编制与资源平衡★●

> **教材点睛** 教材 P144~P150

1. 施工进度计划编制的重要性

（1）工程实体的形成应符合施工顺序、符合工艺规律、符合当前的科学技术水平，而这"三个符合"应体现在施工进度计划编制过程中。

（2）合理的施工进度计划有利于工程实体的顺利形成，并确保工程质量、确保安全施工。

（3）施工进度计划的编制、实施和控制在施工活动的全部管理工作中是属于首位的。

（4）施工进度计划是编制同期的各种生产资源需要量计划的重要依据，包括人力资源、材料和工程设备、施工机械、施工技术和施工需用资金等各种需要量计划。

2. 施工进度计划与资源供给计划

（1）施工进度计划编制前，必须对生产资源供给的状况和能力进行调查，做出评估。

（2）施工进度计划是资源供给计划的编制依据，资源供给计划是实现施工进度计划的物质保证。

（3）施工进度计划的编制实行弹性原则，计划要留有余地，使之有调整的可能。同样地，资源供给计划的编制也要坚持弹性原则，留有余地，当施工进度计划作出调整时使资源有可能进行调度。

（4）施工进度计划编制中应用的循环原理、系统原理、动态控制原理和信息反馈原理等方法或原则，同样适用于资源供给计划的编制。两种计划的编制和执行应做到同步协调、总体平衡。

3. 施工进度计划的实施和检查：计划实施前要交底，实施中要及时检查、协调、分析、纠偏。

4. 考点应用

（1）计划交底工作的内容【1.案例一②，P146】

（2）工程收尾阶段的资源调度【1.案例一③，P146】

（3）水泵供应商函告延期供货，怎样调整进度计划【1.案例二②，P147】

> **巩固练习**

1.【判断题】施工进度计划编制后，必须对生产资源供给的状况和能力进行调查，做

出评估。 ( )

2.【判断题】按常规施工安排,泵房的水泵安装通常排在进度计划的收尾阶段。
( )

3.【判断题】材料、施工机具的配置按作业计划安排分为室内、室外两大部分。
( )

4.【单选题】( )在施工活动的全部管理工作中属于首位。
A. 编制好的施工进度计划　　　　B. 施工过程的各项措施
C. 施工进度的控制　　　　　　　D. 施工进度计划的编制、实施和控制

5.【单选题】施工进度计划的执行是( )的物质保证。
A. 施工进度计划实施　　　　　　B. 编制生产资源供给计划
C. 资源供给计划实施　　　　　　D. 编制资源管理计划

6.【单选题】正常调度的作用是( )。
A. 进度计划发生偏差,对生产资源分配进行调整
B. 进入单位工程的生产资源按进度计划供给
C. 按预期方案将资源在各专业间合理分配
D. 消除进度偏差

7.【单选题】( )是编制同期的各种生产资源需要量计划的重要依据。
A. 编制好的施工进度计划　　　　B. 施工过程的各项措施
C. 施工进度的控制　　　　　　　D. 施工进度计划的编制、实施和控制

8.【单选题】对作业队组安排作业计划时,如能安排两个互不干扰的平行作业,则施工进度计划发生偏差易于调整,是计划安排( )原理的体现。
A. 循环　　　　　　　　　　　　B. 系统
C. 弹性　　　　　　　　　　　　D. 反馈

9.【多选题】工程实体的形成应( )。
A. 符合施工顺序　　　　　　　　B. 符合工艺规律
C. 符合施工要求　　　　　　　　D. 符合施工进度
E. 符合当前的科学技术水平

10.【多选题】施工进度计划编制中应使用( )方法或原则。
A. 循环原理　　　　　　　　　　B. 系统原理
C. 动态控制原理　　　　　　　　D. 施工进度原理
E. 信息反馈原理

11.【多选题】施工进度计划实施前交底的内容包括( )等。
A. 进度控制重点　　　　　　　　B. 施工机械维修状况
C. 资源供给状况　　　　　　　　D. 各专业衔接部位和时间
E. 安全技术措施要领

【答案】1. ×;2. ×;3. √;4. D;5. A;6. C;7. A;8. C;9. ABE;10. ABCE;11. ACDE

第十四章　工程量计算及工程计价

考点 37：工程量计算及工程计价★●

教材点睛　教材 P151～P152

1. 阅读图纸能力的影响

（1）对施工图纸的熟悉程度，决定了计取工程量的准确性。

（2）采用工程量清单计价法招标的工程，虽然工程量由招标方提供，但投标方仍有复核的必要，发现问题可以在招标答疑环节中向招标人提出。

（3）熟悉有关定额的构成，包括每个子目包含的工作内容和所含的材料。

（4）费用定额的规定，有地方性、政策性、变异性等特点，要注意其时效的变化。

（5）同样要注意材料的市场信息价的变化。

2. 施工经验的影响

（1）施工图纸通常提供主材的规格、尺寸，而可以计价的辅材要在工程施工实践中掌握其需用量。

（2）有些施工图纸仅提供平面图，立面上的尺寸要依据施工规范或标准图集的规定来确定。

（3）工程量计算规则中对钢架结构件重量规定要计入焊缝的重量，怎样计入不仅与焊接方法（自动焊或手工焊）有关，而且主要与施工企业本身的消耗水平（企业定额）有关，是实践的积累。

（4）有些新材料或新工程设备未列入定额，因而要在推广中凭以往类似的经验，做出评估，做好工料分析，得出单价，与相关方协商共同确定。

3. 造价与成本

（1）工程造价构成的科目与成本构成的科目是基本一致的。

（2）工程造价的准确性不仅影响企业在市场竞争中的成败，更主要影响企业成本管理的有效性，直接对企业的盈利水平起决定性作用。

（3）工程造价和成本核算关联密切，且受中央和地方的经济财政政策制约，要时刻关注其变化和时效。

4. 使用定额计价、实物量法计价

（1）定额计价法及实物量法又称工料机单价法计价法，其计价主要依据为当地预算定额。

（2）预算定额是依据住房和城乡建设部颁发的《通用安装工程消耗量定额》编制的，这个定额是要随技术进步、生产力发展而不断修订完善的，使用时应注意使用版本的有效性。

（3）预算定额的子目大多是以施工工序来划分的。

> **教材点睛** 教材 P151～P152（续）

5. 分析工程量清单法计价的综合单价

（1）工程量清单由分部分项工程量清单、措施项目清单、其他项目清单、规费项目清单、税金项目清单组成。工程量清单综合单价不是全费用单价，是部分费用的综合单价。

（2）根据《建设工程工程量清单计价规范》GB 50500—2013 第 2.0.8 条：综合单价是完成一个规定清单项目所需的人工费、材料和工程设备费、施工机具使用费和企业管理费、利润以及一定范围内的风险费用。

（3）工程量清单由具备编制能力的招标人或其委托的具备相应资质的工程造价咨询机构编制。

（4）工程量清单是由市场定价的计价模式。

（5）综合单价在投标工程所在地有统一的计算方法，投标人必须按该地区的统一方法进行计价。

巩固练习

1.【判断题】在招标答疑会上允许提出疑问，说明工程量复核是必要的。（　　）

2.【判断题】工程造价的准确性不仅影响企业在市场竞争中的成败，更主要影响企业成本管理的有效性，直接对企业的盈利水平起决定性的作用。（　　）

3.【判断题】企业定额的建立基于资料和数据的积累，形成自己的定额也是软实力的表现。（　　）

4.【判断题】如果动力线路管内穿 3 根电线，其单线延长米数用导管长度乘以 3 即得。（　　）

5.【判断题】地下室大规格风管的支吊架的材料选用、支架间距等应单独进行施工设计，要套用标准的最大规格尺寸。（　　）

6.【单选题】施工过程中大量的设计变更仍需采用（　　），否则会对竣工结算造成影响。

A. 任意计取工程量　　　　　　　B. 人工计取工程量
C. 计算机计取工程量　　　　　　D. 混合计取工程量

7.【单选题】费用定额的规定，没有（　　）特点，要注意时效的变化。

A. 地方性　　　　　　　　　　　B. 变异性
C. 政策性　　　　　　　　　　　D. 片面性

8.【单选题】大规格风管的圆形风管直径大于（　　）mm。

A. 2500　　　　　　　　　　　　B. 2400
C. 2000　　　　　　　　　　　　D. 1500

9.【单选题】有些施工设计仅提供平面图，立面上的尺寸要依据（　　）来确定。

A. 施工规范和标准图集　　　　　B. 现场洽商和用户需要
C. 施工经验和用户需要　　　　　D. 补充图纸和现场洽商

10.【单选题】工程造价的正确性,更主要是影响企业成本管理的( )性。
A. 合理　　　　　　　　　　　B. 有效
C. 可行　　　　　　　　　　　D. 需要

11.【单选题】计取电气线路的导线长度,要考虑与设备接线长度和( )。
A. 丢弃数量　　　　　　　　　B. 被窃余量
C. 临时电用量　　　　　　　　D. 检修用余量

12.【单选题】施工项目部要加强设计变更管理,可有效控制工程( )。
A. 单位估价　　　　　　　　　B. 实物量
C. 材料消耗　　　　　　　　　D. 定额用工

13.【多选题】招标文件会对工程量提出的解释有( )。
A. 不论何种情况提供的工程量清单均不作调整
B. 在招标答疑会上允许提出疑问
C. 解释招标工程
D. 招标工程方案
E. 在施工前做好技术交底工作

14.【多选题】费用定额的规定有( )等特点,要注意其时效的变化。
A. 地方性　　　　　　　　　　B. 高低性
C. 政策性　　　　　　　　　　D. 方向性
E. 变异性

15.【多选题】机械台班费的组成包括( )等。
A. 机械的折旧费　　　　　　　B. 机械的大修理费
C. 机械的运输进场费　　　　　D. 燃料动力费
E. 人工费

【答案】1.√;2.√;3.√;4.×;5.×;6.B;7.D;8.A;9.A;10.B;11.D;12.B;13.AB;14.ACE;15.ABDE

第十五章 质量控制

考点 38：质量控制 ●

> **教材点睛** 教材 P158～P164
>
> **1. 项目部施工质量策划**
>
> （1）中标后、开工前项目部首先要做的是编制实施的施工组织设计，而其核心是使进度、质量、成本和安全的各项指标能实现，关键是工程质量目标的实现，否则其他各项指标的实现就失去了基础。
>
> （2）施工质量策划的结果：确定质量目标；建立管理组织机构；制定项目部各级部门和人员的职责；职责要明确，工作流程要清晰、避免交叉干扰；编制质量计划。
>
> **2. 确定质量控制点的基础**：熟悉施工工艺流程、熟悉工艺技术规律，掌握施工质量验收规范。
>
> **3. 质量交底的组织**
>
> （1）质量交底文件内容包括：采用的质量标准或规范，具体的工序质量要求（含检测的数据和观感质量），检测的方法，检测的仪器、仪表及其精度等级，检测时的环境条件。
>
> （2）质量交底可以与技术交底同时进行，施工员可邀请质量员共同参加对作业班组的质量交底工作。
>
> **4. 考点应用【P159～P164】**

巩固练习

1. 【判断题】通过策划形成的施工质量计划是对施工组织设计中质量管理方面的内容更进一步细化。　　　　　　　　　　　　　　　　　　　　　　　　　　　　（　　）

2. 【判断题】质量员发现抱箍构造不合理，其检查方法为监测法。　　　　　（　　）

3. 【单选题】中标后、开工前项目部首先要做的是（　　）。

 A. 工程质量目标的实现

 B. 编制实施的施工组织设计

 C. 使进度、质量、成本和安全的各项指标能实现

 D. 确定质量目标

4. 【单选题】检查工序活动的结果一旦发现问题，应采取的措施（　　）。

 A. 继续作业活动，在作业过程中解决问题

 B. 无视问题，继续作业活动

 C. 停止作业活动进行处理，直到符合要求

D. 停止作业活动进行处理，不作任何处理

5. 【单选题】给水排水立管留洞位置失准属于( )阶段的控制失效。
   A. 施工准备阶段的前期　　　　　B. 施工准备阶段的中期
   C. 施工准备阶段的后期　　　　　D. 施工准备阶段之前

6. 【单选题】施工过程发生设计变更信息传递中断而造成质量问题，应属于( )。
   A. 事前质量控制失效　　　　　　B. 事中质量控制失效
   C. 事后质量控制失效　　　　　　D. 事前管理控制失效

7. 【单选题】影响质量五大因素中，主要因素是( )。
   A. 材料　　　　　　　　　　　　B. 人
   C. 物　　　　　　　　　　　　　D. 机具

8. 【单选题】空调机组的室外机组安装时要注意与遮挡物间的距离，否则会影响机组的( )。
   A. 平稳运转　　　　　　　　　　B. 噪声干扰
   C. 检修方便　　　　　　　　　　D. 散热效果

9. 【单选题】建筑智能化工程的线缆的信号量极小，所以要对光纤连接的( )进行检测。
   A. 牢固度　　　　　　　　　　　B. 损耗值
   C. 可靠度　　　　　　　　　　　D. 增加值

10. 【多选题】质量交底文件编制的内容包括( )等。
    A. 采用的质量标准或规范
    B. 具体工序质量要求（数据和观感）
    C. 检测的方法、检测的仪器仪表及其精度等级
    D. 检测时的环境条件
    E. 仪表检测的周期

【答案】1.√；2.×；3.B；4.C；5.C；6.B；7.B；8.D；9.B；10.ABCD

第十六章 安 全 控 制

考点 39：安全控制●

> **教材点睛** 教材 P165~P179

1. 安全防范的原则（五项原则）：①安全第一、预防为主。②以人为本、维护作业人员合法权益。③实事求是。④现实性和前瞻性相结合。⑤权责一致。

2. 安全技术交底

（1）《安全生产管理条例》第二十七条明确规定：建设工程施工前，施工单位负责项目管理的技术人员应当对有关安全施工的技术要求向施工作业班组、作业人员做出详细说明，并由双方签字确认。

（2）安全技术交底的主要内容

1）施工平面布置安全交底内容【详见本书施工现场平面布置的安全措施】。

2）高空作业安全交底内容：操作人员健康要求；个人防护用品佩戴要求；安全防护措施等。

3）机械使用安全交底内容：施工机械防护装置要求；操作人员持证上岗要求；机械安全操作要求等。

4）起重吊装作业要求：应编制专项施工方案，并按规定进行审批。超规模的起重吊装作业应组织专家对施工方案进行论证。

5）动火作业安全交底内容：动火证、动火票的申请、审批流程；动火监护人员配备及工作职责；动火场所的消防设施配备要求等。

6）受限空间作业安全交底内容：通风、防中毒措施；照明器具安全用电要求；事故应急措施等。

7）管道的试压、冲洗安全交底内容：试压、冲洗设备安全检查要求；检测场地安全警示标志的布设要求；操作过程中安全监控要求等。

8）单机试运转作业要求：编制专门方案，明确分工，要有意外发生时的防范措施和应急预案。

9）其他：冬季防滑、防冻，夏季抗高温、防中暑，雨季防水浸等安全技术措施，"四新"的采用坚持先试验后应用原则，确保安全技术措施到位后才展开应用。

（3）安全技术交底的实施：分级分层组织进行安全技术交底，形成书面交底记录，参与交底人员签字存档；施工过程中，交底人和专职安全员要对交底后的安全技术措施落实情况进行检查，发现不符合交底要求者要督促作业班组进行整改。

（4）施工过程中的安全检查

1）安全检查的方法分为定期性、经常性、季节性、专业性、综合性和不定期的巡查等六种方法。

> **教材点睛** 教材 P165~P179(续)
>
>   2) 安全检查的内容主要有:查思想、查组织、查制度、查措施、查隐患、查整改、查教育培训等。
>   3) 安全检查的重点是违章指挥、违章作业和违反劳动纪律("三违")。
>   4) 安全检查应注意将互查与自查有机结合起来,坚持检查与整改相结合,关注安全生产档案资料的收集,贯彻落实责任是前提、强化管理是基础、以人为本是关键,常抓不懈是保证的原则。
>   5) 安全检查中形成的检查报告要说明已达标的项目、未达标的项目、存在问题及其原因分析,提出纠正和预防措施。
>   **3.** 安全技术交底文件编制的资料(样板安全技术交底)【P167~P174】
>   **4.** 考点应用【P175~P179】

巩固练习

1.【判断题】施工机械的防护装置要齐全、完好,有持证操作要求的施工机械,操作者必须持证上岗。（　　）

2.【判断题】安全技术交底活动要形成交底记录,记录要有参加交底活动的90%以上人员的签字,记录由项目部专职安全员整理归档。（　　）

3.【判断题】建筑物施工时用来做横向运输的平台,在楼层边沿接料等处,均应装设安全门或活动栏杆。（　　）

4.【判断题】油漆作业的防护首要是对人和工作环境的防护。（　　）

5.【单选题】单机试运转要编制专门方案,明确分工,要有意外发生时的(　　)。
A. 防范措施　　　　　　　　　　B. 应急预案
C. 防范措施和应急预案　　　　　D. 保护措施

6.【单选题】在开始起吊时,应先用微动信号指挥,待负载离开地面(　　)cm并稳定后,再用正常速度指挥。
A. 10~30　　　　　　　　　　　B. 20~40
C. 10~20　　　　　　　　　　　D. 20~30

7.【单选题】柴油发电机周围(　　)m内不得使用火炉、火喷灯,不得存放易燃物。
A. 6　　　　　　　　　　　　　B. 5
C. 4　　　　　　　　　　　　　D. 7

8.【单选题】安全检查的重点不包括(　　)。
A. 违反交底制度　　　　　　　B. 违章指挥
C. 违反劳动纪律　　　　　　　D. 违章作业

9.【单选题】临时用电的保护地线(PE),严禁通过工作电流,严禁装设(　　)。
A. 开关或熔断器　　　　　　　B. 绝缘子或支架
C. 标志牌或标签　　　　　　　D. 临时固定器材

10.【多选题】安全防范工作的基本原则有(　　)。

A. 安全第一、预防为主

B. 以人为本、维护作业人员的合法权益

C. 实事求是

D. 现实性和前瞻性相结合

E. 权责一致

11.【多选题】工程项目开工前,由项目部技术负责人向全体员工进行交底,内容包括( )。

A. 工程概况 　　　　　　　　B. 施工方法

C. 主要安全技术措施 　　　　D. 施工方案

E. 工程图纸

12.【多选题】立体交叉作业时,施工员的安全技术交底的内容包括( )。

A. 在工序安排上尽量减少同一空间同一时间作业

B. 所有小型工具材料用工具袋传递

C. 坚持文明施工,保持良好工作环境

D. 协调做自身和他人的成品保护

E. 交谈时不大声喧哗

【答案】1. √;2. ×;3. ×;4. ×;5. C;6. C;7. C;8. A;9. A;10. ABCDE;11. ABC;12. ABCD

第十七章　施工质量缺陷和危险源的分析与识别

考点 40：施工质量缺陷和危险源分析与识别●

教材点睛 教材 P180～P184

1. 质量缺陷

（1）原因：施工中违反了施工质量验收规范中的有关规定，大部分是关于观感质量的规定。

（2）质量缺陷处理的基本方法

1）返工处理：当工程质量缺陷经过修补处理后仍不能满足规定的质量标准要求时。

2）返修处理：经过修补后可达到要求的质量标准，又不影响使用功能或外观的要求时。

3）加固处理：主要是针对危及承载力的质量缺陷的处理。

4）限制使用：当工程质量缺陷按修补方法处理后，仍无法完全达到规定使用要求和安全要求时。

5）不作处理：某些工程质量问题虽然达不到规定的要求或标准，经过分析、论证、法定检测单位鉴定和设计单位等认可后可不作专门处理。

6）报废处理：出现质量事故的工程，通过分析或实践，采取上述处理方法后仍不能满足规定的质量要求或标准，则必须予以报废处理。

2. 人的不安全行为：施工作业人员在施工时违反安全操作规程所发生的作业行为。

3. 物的不安全状态：指与施工有关的施工机具、设备或作业环境状况不符合相关安全规定的状态。

4. 质量缺陷、人的不安全行为、物的不安全状态的识别方法：标准具体化、度量的可行性、比较与判定。

5. 考点应用【P181～P184】

巩固练习

1.【判断题】工程验收发现的质量缺陷是指质量问题并未达到无法容忍不可接受的程度。（　　）

2.【判断题】工程验收发现的质量缺陷是指即使返工重做也不会发生规定数额以上的经济损失，也不会有永久性不可弥补的损失。（　　）

3.【判断题】施工中违反了施工质量验收规范中保证项目的有关规定，绝大部分是关于使用功能的规定。（　　）

4.【判断题】高空作业不挂安全带、进入施工现场不戴安全帽、带电作业绝缘防护用

具配备不齐等属于人的不安全行为。( )

5.【判断题】物的不安全状态指与施工有关的施工机械、工具及环境状况不符合相关安全规定的状态。( )

6.【单选题】施工中违反的施工质量验收规范中( )的有关规定,绝大部分是关于观感质量的规定。

A. 一般项目　　　　　　　　B. 重点项目
C. 保证项目　　　　　　　　D. 突出项目

7.【单选题】工程验收发现的质量缺陷是指即使( )也不会发生规定数额以上的经济损失,也不会有永久性不可弥补的损失。

A. 拆除　　　　　　　　　　B. 新建
C. 返工重做　　　　　　　　D. 改建

8.【单选题】建筑安装工程的质量缺陷是指施工形成的建筑产品质量不符合相关质量标准的规定或与工程承包合同中对质量要求的约定有悖,但其不会影响( )和造成结构性的安全隐患。

A. 系统调试　　　　　　　　B. 使用功能
C. 道路通行　　　　　　　　D. 试运行

9.【单选题】施工验收质量缺陷处理时,相关方协商可以进行( ),即在结算时扣除约定的款项。

A. 经济补偿　　　　　　　　B. 罚款
C. 退场　　　　　　　　　　D. 清理

10.【单选题】施工验收质量缺陷处理时,返修实有困难或迫于使用时间临近,经与( )协商,可取得谅解让步接受。

A. 监督站　　　　　　　　　B. 发包单位
C. 施工单位　　　　　　　　D. 监理单位

11.【多选题】标准的具体化即要有切实具体的标准,如工程的( )标准和完好状态标准、作业环境安全标准等。

A. 质量标准　　　　　　　　B. 安全操作规程
C. 设备机械工具安全使用　　D. 操作行为
E. 工期目标

12.【多选题】下列行为属于人的不安全行为的是( )。

A. 操作失误　　　　　　　　B. 带电作业绝缘防护用具配备不齐
C. 进入施工现场不戴安全帽　D. 高空作业不挂安全带
E. 进入施工现场佩戴安全帽

【答案】1.√;2.√;3.×;4.√;5.√;6. A;7. C;8. B;9. A;10. B;11. ABC;12. BCD

第十八章 施工质量、安全与环境问题的调查分析

考点41：施工质量、安全与环境问题的调查分析●

> **教材点睛** 教材 P185~P191
>
> **1. 施工质量问题**
>
> （1）质量问题和质量事故的区分：一般质量事故规定标准以下的为质量问题，反之为质量事故。
>
> （2）质量问题形成的主要原因：技术原因，管理原因，社会、经济原因，人为事故和自然灾害原因。
>
> （3）质量问题处理程序【图18-1，P186】
>
> （4）质量问题不作处理的几种情况
>
> 1）不影响结构安全，生产工艺和使用要求；
>
> 2）某些轻微的质量缺陷，通过后续工序可以弥补的，可不处理；
>
> 3）出现的质量缺陷经检测鉴定达不到设计要求，但经原设计单位核算仍能满足结构安全和使用功能。
>
> 4）法定检测单位检定合格。
>
> **2. 施工安全问题**
>
> （1）安全事故的原因分析
>
> 1）事故直接原因：机械、物质或环境的不安全状态；人的不安全行为。
>
> 2）事故间接原因：技术和设计上的缺陷；教育培训不到位，操作人员缺乏安全技术知识；劳动组织不合理；现场工作缺乏检查或指导错误；安全操作规程或不健全；没有或不认真实施事故防范措施，对事故隐患整改不力；其他。
>
> （2）应急准备
>
> 1）针对可能发生的安全事故的特点和危害，进行风险辨识和评估，制定相应的应急救援预案，经项目主要负责人审批，及时对外公布，并报当地应急管理部门备案。
>
> 2）每半年组织不少于1次应急演练，并根据实际情况适时修订应急预案。
>
> 3）建立应急救援队伍或与业主、总包单位联合组建应急救援队伍，配备必要的应急救援设备和物资，并定期组织训练。
>
> （3）应急救援：发生生产安全事故后，项目部应当立即启动相应的应急救援预案，并按照国家有关规定报告事故情况。
>
> （4）善后处置：妥善安置伤亡人员家属，做好人员心理疏导；做好环境修复作业，恢复生产，消除影响。

教材点睛 教材 P185~P191(续)

3. 环境保护问题

（1）我国环境保护方针：全面规划、合理布局、综合利用、化害为利、依靠群众、保护环境、造福人民。

（2）建筑设备安装施工可能造成的环境污染：固体废物污染、噪声污染、水污染、光污染、大气污染和放射性污染等。

（3）环境因素的识别方法：对照经验法、产品生产周期分析（ICA）法、问卷调查法等。

（4）环境因素的评价方法：是非判断法、经验评价法和多因子评价法等。

4. 考点应用【P189~P191】

巩固练习

1.【判断题】质量问题按严重程度分为质量事故和质量缺陷两种类型。（ ）

2.【判断题】项目施工组织者或管理者或作业者缺乏质量意识，没有牢固树立质量第一的观念是说明人的质量意识观念不强。（ ）

3.【判断题】从管理上分析质量问题的成因，主要有现场混乱、人员不同心。（ ）

4.【判断题】质量问题处理包含正确分析和妥善处理所发生的质量问题，使施工进入正常状态。（ ）

5.【判断题】影响结构安全、生产工艺和使用要求的质量问题可以不作处理。（ ）

6.【单选题】造成1000万元以下直接经济损失的事故属于(　　)。

A. 严重事故　　　　　　　　B. 轻伤事故

C. 一般事故　　　　　　　　D. 伤亡事故

7.【单选题】(　　)属于应急预案的主要内容。

A. 班前教育　　　　　　　　B. 技术交底

C. 安全防护　　　　　　　　D. 应急组织和相应职责

8.【单选题】属于应急反应实施原则的是(　　)。

A. 避免死亡　　　　　　　　B. 避免责任

C. 躲避检查　　　　　　　　D. 保护现场

9.【多选题】环境因素的识别方法包括(　　)。

A. 对照经验法　　　　　　　B. 比率法

C. 问卷调查法　　　　　　　D. 比较法

E. 类比法

【答案】1.√；2.√；3.×；4.√；5.×；6.C；7.D；8.A；9.ACE

第十九章　施工文件及相关技术资料的编制

考点 42：施工文件及编制相关技术资料 ●

> **教材点睛**　教材 P192～P202
>
> **1. 施工文件的作用**
> （1）是工程建设项目在施工阶段各项重要活动及其结果的各种信息记录。
> （2）反映了工程实体的真实情况，是工程使用维护和改造扩建的重要基础资料。
> （3）是工程验收的必备资料之一，也是评定工程质量的依据。
> （4）真实记录设计变更的部分，是竣工结算审核的依据，有着不可替代的经济方面的作用。
> （5）施工文件存有各种试验检验的数据和责任人员的确认意见，是厘清责任的佐证。
> **2. 施工文件的分类**【详见表 19-1，P192～P196】
> **3. 施工文件内容的质量要求**：应满足符合性、真实性、准确性、及时性、规范化等要求。
> **4. 施工文件的内容分为**：施工管理文件、施工技术文件、进度造价文件、施工物资出厂质量证明及进场检测文件、施工记录文件、施工试验记录及检测文件、施工质量验收文件、施工验收文件等八个部分。八部分工程文件资料内容说明参见教材【详见 P197～P198】。
> **5. 工程竣工验收文件提交的条件及内容**
> （1）工程竣工验收文件提交的条件：工程项目具备竣工条件后，施工单位应向建设单位报告，提请建设单位组织竣工验收的文件。
> （2）归档的竣工验收文件主要组成
> 1）施工单位工程竣工报告；
> 2）监理单位工程质量评价报告；
> 3）勘察单位工程质量检查报告；
> 4）设计单位工程质量检查报告；
> 5）工程竣工验收报告；
> 6）工程竣工验收会议纪要；
> 7）专家组竣工验收意见；
> 8）工程竣工验收证书；
> 9）规划、消防、环保、民防、防雷、档案等部门出具的验收文件或意见；
> 10）房屋建筑工程质量保修书；
> 11）住宅质量保证书、住宅使用说明书；
> 12）建设工程竣工验收备案表。
> **6. 工程文件的立卷、归档和移交**
> （1）工程文件的立卷
> 1）建设工程由多个单位工程组成时，工程文件应按单位工程立卷。

> **教材点睛** 教材 P192～P202(续)
>
> 2) 立卷可分为工程准备阶段文件、监理文件、施工文件、竣工图、竣工验收文件5部分。
> 3) 施工文件的立卷应符合下列要求：
> ① 专业承（分）包施工的分部、子分部（分项）工程应分别单独立卷；
> ② 室外工程应按室外建筑环境和室外安装工程单独立卷；
> ③ 当施工文件中部分内容不能按一个单位工程分类立卷时，可按建设工程立卷。
> (2) 工程文件归档和移交
> 1) 工程文件归档要求【P199～P200】。
> 2) 工程文件的移交
> ① 列入城建档案管理机构接收范围的工程，建设单位在工程竣工验收备案前，必须向城建档案管理机构移交一套符合规定的工程档案。
> ② 停建、缓建建设工程的档案，可暂由建设单位保管。
> ③ 对改建、扩建和维修工程，建设单位应组织设计、施工单位对改变部位据实编制新的工程档案，并应在工程竣工验收备案前向城建档案管理机构移交。
> ④ 当建设单位向城建档案管理机构移交工程档案时，应提交移交案卷目录，办理移交手续，双方签字、盖章后方可交接。
>
> **7. 考点应用**【P201～P202】

巩固练习

1. 【判断题】施工记录是工程使用维护和改造扩建的重要基础资料。　（　）
2. 【判断题】由法规明确的施工记录的内容随着规范标准的修订而变更。　（　）
3. 【判断题】施工质量验收最主要的是检验批质量验收记录。　（　）
4. 【判断题】施工记录的形成时间须充分考虑设计变更送达时间和工程形成时间，要有序结合起来。　（　）
5. 【判断题】整个系统联合调试和试运行试验结果形成的记录统称为系统调试试运行记录。　（　）
6. 【单选题】纸质载体记录使用复印纸幅面尺寸，宜为(　　)幅面。
   A. A2　　　　　　　　　　　B. A3
   C. A4　　　　　　　　　　　D. A5
7. 【单选题】施工记录间的时间顺序、制约条件和(　　)要相符。
   A. 有机联系　　　　　　　　B. 土建工程之间的交叉配合
   C. 目录　　　　　　　　　　D. 分包之间的记录
8. 【单选题】房屋建筑安装工程中的排水是(　　)。
   A. 机械流　　　　　　　　　B. 重力流
   C. 动力流　　　　　　　　　D. 压力流
9. 【多选题】施工记录内容的质量要求包括(　　)。

A. 符合性 　　　　　　　　　　B. 真实性
C. 准确性 　　　　　　　　　　D. 及时性
E. 规范化

10.【多选题】施工记录要符合(　　)。
A. 规范要求 　　　　　　　　　B. 现场实际情况
C. 专业部位要求 　　　　　　　D. 施工计划
E. 施工方案

11.【多选题】通风与空调工程施工试验类记录有(　　)。
A. 风管的密闭性试验 　　　　　B. 整个系统联合调试和试运行试验
C. 单体双机的措施试验 　　　　D. 单体混合机的措施试验
E. 单体单机的措施试验

12.【多选题】通风与空调整个系统联合调试和试运行试验包括(　　)。
A. 空载试运行 　　　　　　　　B. 有载试运行
C. 满负荷试运行 　　　　　　　D. 变负荷试运行
E. 90％负荷试运行

【答案】1.√；2.×；3.×；4.√；5.√；6. C；7. A；8. B；9. ABCDE；10. ABC；11. BE；12. ABC

第二十章 工程信息资料的处理

考点 43：工程信息资料的处理●

> **教材点睛** 教材 P203~P208
>
> **1. 工程项目管理信息的分类、主要内容及管理**
> （1）信息的分类和主要内容
> 1）项目管理目标的管理活动主要是对<u>成本、质量、进度和安全四大目标</u>的控制，通过对<u>劳动力、材料、设备、技术及资金五大生产要素</u>的控制来实现。
> 2）信息分类
>
>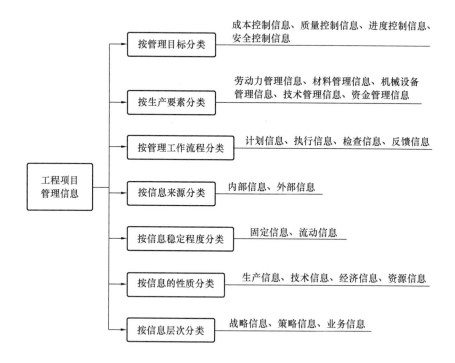
>
> （2）信息的管理
> 在工程建设中参与各方信息管理的任务是充分利用和发挥信息资源的价值、提高信息管理的效率以及实现有序的和科学的信息管理，各方都应编制各自的信息管理手册，以规范信息管理工作。
>
> **2. 工程信息资料的分类及实施方法**
> （1）建筑工程的资料分为工程准备阶段文件、监理资料、施工资料、竣工图和工程竣工文件等五大类。

> **教材点睛** 教材P203~P208(续)
>
> （2）建筑设备安装工程的施工资料一般由施工管理资料、施工技术资料、进度造价资料、施工物资出厂质量证明及进场检测资料、施工记录资料、施工试验记录及检测资料、施工质量验收资料、施工验收资料等组成。
>
> （3）工程信息资料的管理包括：收集、整理和传递等。
>
> **3. 建筑工程施工数字化管理**是通过物联网、BIM、智能硬件、信息化等技术的跨界应用实现的，如智慧工地公共平台、实测实量数字化工具包、数字化绝缘电阻测试仪等。数字化管理能基本实现施工现场的无纸化操作以及"0"输入，节省劳动力和时间，直接降低项目的劳动力成本，大幅提高岗位工作人员的效率，真正实现施工智能、工作协同、信息共享、决策科学、风险预控。
>
> **4. 考点应用**【P207~P208】

巩固练习

1. 【判断题】声音、文字、数字和图像等都是信息表达的形式。（　）
2. 【判断题】工程项目管理的主要工作是围绕项目管理目标和生产要素所开展的活动。（　）
3. 【判断题】三检制是指与质量控制直接有关的信息，主要是国家或地方政府部门颁布的有关质量政策、法令、法规和标准等。（　）
4. 【判断题】材料管理信息，是指材料供应计划、材料库存、储备与消耗、材料定额、材料领发及回收台账等。（　）
5. 【判断题】信息传递的方法有：语言传递（口头传递）、文字传递（书面传递）、可视化辅助物传递、电讯传递等。（　）
6. 【单选题】迅速、准确、保密是信息传递的（　）要求。
   A. 质量　　　　　　　　　B. 速度
   C. 重要　　　　　　　　　D. 效率
7. 【单选题】BIM是以建筑工程项目的（　）为基础建立出来的三维建筑模型。
   A. 管道　　　　　　　　　B. 各项相关信息数据
   C. 线槽　　　　　　　　　D. 风管
8. 【单选题】市场上PKPM软件供应商提供的工程建设（　）编制软件就是建筑安装行业的用户应用程序之一。
   A. 施工资料　　　　　　　B. 施工进度横道图
   C. 施工进度网络图　　　　D. 施工流程
9. 【单选题】（　）是关键，即要对信息识别，辨别其可靠程度。
   A. 信息分类　　　　　　　B. 信息校核
   C. 信息筛选　　　　　　　D. 信息流通
10. 【单选题】项目经理部为满足项目管理的需要，提高管理水平，建立项目（　）系统，优化结构。

A. 样板制 　　　　　　　　　B. 三检制
C. 信息管理 　　　　　　　　D. 实名制

11.【多选题】建筑工程的资料分为( )和竣工验收资料等。
A. 工程准备阶段资料 　　　　B. 监理资料
C. 施工资料 　　　　　　　　D. 设计资料
E. 竣工图

12.【多选题】信息传递质量的要求包括( )。
A. 迅速 　　　　　　　　　　B. 众多
C. 准确 　　　　　　　　　　D. 稳妥
E. 保密

【答案】1.√；2.√；3.×；4.√；5.√；6. A；7. B；8. A；9. B；10. C；11. ABCE；12. ACE